U0100085

原汁原味
好味蒸餸

薩巴蒂娜　主編

蒸一蒸，吃掉我

想吃充滿麥香的饅頭，不想買現成的，就得自己蒸。將一大糰發好的麵糰和成一個一個小小的白雪球，等雪球糰發好，就坐鍋燒水，不用等水開就把饅頭坯子放進去，排成齊齊整整的同心圓，然後就開始等待。

不一會兒，水蒸氣開始噴吐，麥香逐漸瀰漫，廚房裏的空氣都變得無比甜美，那是我最享受的一刻。水蒸氣中，每個饅頭都變得又白又胖，每個似乎都在開口說：「來，吃我！」咬一口剛蒸好的饅頭，滋味好極了，越嚼越甜。

蒸能最大程度保持食物的形態和滋味。一屜蒸饅頭，另一屜我還會做個蒸菜，比如蒸鹹菜、蒸蛋羹、蒸臘肉、蒸粉蒸肉、蒸豬頭肉、蒸小魚……把蒸好的豬頭肉夾在剛出鍋的饅頭裏，狠狠咬一大口，我可以在廚房裏站着就吃光兩個，好吃到轉圈圈。

家裏買鮮牛奶，喝剩下的，我就用來做雙皮奶或者酒釀牛奶蒸，一點不複雜，放一點點糖，在冰箱冰透，每次做好都很快被搶光。我假裝生氣，內心卻是竊喜的。

我喜歡把什麼都蒸上一蒸。饅頭冷了，蒸一蒸再吃；菜剩下了，蒸一蒸再吃；粥涼了，也蒸一下吧；筷子和抹布用舊了，都會蒸一下消毒。

因為太喜歡蒸了，於是就做了這麼一本書，想讓廚房空氣潔淨，好清潔灶台，保留食物的原汁原味，就多嘗試下蒸吧！

薩巴小傳：本名高欣茹。薩巴蒂娜是當時出道寫美食書時用的筆名。曾主編過五十多本暢銷美食圖書，出版過小說《廚子的故事》，美食散文集《美味關係》。現任「薩巴廚房」主編。

薩巴蒂娜
個人公眾訂閱

敬請關注薩巴新浪微博
薩巴蒂娜
個人公眾訂閱號 www.weibo.com/sabadina

目錄 contents

Chapter 1

蔬菜類

剁椒芋艿
034

百合蜜棗南瓜條
035

上湯娃娃菜
036

涼拌茄子
038

芙蓉茄盒
040

麵筋蒸茼蒿
042

豆豉蒸青椒
043

粉蒸紅蘿蔔絲
044

豆乾杏鮑菇
046

蠔油金針菇蒸豆腐
048

蟹味菇拌火腿
049

冬瓜火腿片
050

山藥火腿疊片
052

山藥南瓜羹
053

腐皮菠菜卷
054

欖菜蒸釀豆腐
056

桂花糯米藕
058

木瓜蒸百合
060

銀耳蓮子紅棗羹
062

Chapter 3

水產、蛋類

Chapter 4

主食類

初步瞭解全書

看着名字就流口水

需要用到的食材一目瞭然，要打有準備的仗

時間、難易度清楚明瞭

烹飪秘笈，讓你與美味不再失之交臂

詳盡直觀的操作步驟讓你簡單上手

好吃更要有營養，健康更重要

本書按照常見蒸菜食材的種類劃分為蔬菜、肉類、水產蛋類、主食類四大章節，清清淡淡，健健康康的味道，無論經典與創新，均有呈現。

此外，針對蒸這件事，我們也詳盡介紹了其來歷、工具；蒸菜可以用「食材蒸製＋調味芡汁」的方式烹飪，那麼我們也整理了一些常用的調味醬汁提供你；「蒸好一條魚」是很多家庭的蒸菜必修課，我們用極盡詳細的方式，將如何蒸出一條火候剛好的魚呈現在全書的知識篇中。

計量單位對照表

1 茶匙固體材料 =5 克
1 湯匙固體材料 =15 克
1 茶匙液體材料 =5 毫升
1 湯匙液體材料 =15 毫升

知識篇

蒸的前世今生

「蒸」的烹飪方式由來已久。從古至今，從饅頭、包子等各類主食，到蒸扣肉、清蒸魚等肉類、魚類的不同菜肴，蒸，早已是食客們耳熟能詳的經典烹飪方式。

社會發展到今天，人們希望吃得更加健康、營養，儘量在滿足口腹之欲的同時，降低在烹飪過程中產生的附加熱量，所以蒸菜受到越來越多的健康人群的喜愛。

蒸製工具的介紹

傳統的蒸製工具大多為竹器、鐵器，比如竹蒸籠、鐵鍋、砂鍋等。隨着現代科技的發展，人們研製出了不銹鋼鍋、矽膠墊等產品，令烹飪工具的選擇範圍變得更加廣泛，烹飪的樂趣也在不斷提升。

竹製品（竹蒸籠）

特色非常明顯，古香古色、竹香縈繞，帶着傳統慢生活的氣息。大部分由手工編製，細節之美無處不在。竹子獨特的清香，在烹飪過程中浸入到食材裏，帶來別具一格的風味，一般搭配蒸籠布一起使用。但不足之處是，因由篾子編造而成，接縫處不方便清洗，容易藏污納垢。如果沒有通風良好的保存環境，容易產生黴變，影響品質和美觀。

2 不銹鋼製品

不銹鋼鍋具現在越來越廣泛地用於家庭烹飪當中,其具有造型多樣、易清洗保養的優點,很多款式同時帶有折疊的功能,大大節約了存儲收納的空間,很適合現代生活的節奏和環境。

A 不銹鋼蒸屜

通常是指不銹鋼蒸籠中擺放食物的隔層,也可以單獨購買。除了在配套的不銹鋼蒸籠裏使用外,也可以架在其他的鍋中使用,光滑的不銹鋼表面利於清洗和放置。

B 不銹鋼蒸籠

這是常見且效益很高的烹飪工具,家用的多為兩層蒸屜,底部倒滿水後還可以放入需要煮熟的食品,比如雞蛋等,利用率非常高。

C 蓮花蒸盤、蒸架

可以聚合散開,方便收納。散開時架在鍋具中可進行蒸製,平時也可以作為瀝乾食材水分的工具使用。具有類似功能的有創意的小工具還有很多,可以根據實際需求在網上搜索購買。

3 其他蒸製工具

A 食品矽膠蒸籠墊

食品級的矽膠是安全可靠的烹飪工具,但一定要購買正規品牌的產品。矽膠蒸籠墊相比傳統的蒸籠布的優勢在於:光滑的材質能有效防止食材黏連、方便清洗、擦乾和收納、不易產生黴菌,使用壽命更長。

B 防燙夾

蒸菜的高溫蒸汽經常會燙到手,傳統的使用毛巾隔熱有安全隱患,而且不衛生,而烘焙用的厚手套又過於厚重,不靈活,在端碗的過程中容易打滑。防燙夾子能卡住非常細小的邊沿,並且牢固安全,不會燙手。

C 棉紗蒸籠布

棉紗蒸籠布的傳統工藝和造型,會帶來烹飪過程中視覺上的美感,製作原料也讓人覺得非常環保、安全。美中不足的是,使用壽命比較短,而且需要更加嚴格的清洗步驟和乾燥潔淨的晾曬收納環境,以避免黴菌等二次污染。

提高菜肴顏值的工具

因長時間高溫蒸製，和較為固定、不能翻動的烹飪方式，會讓蒸菜的菜肴和餐具之間形成穩固的結合。這種特殊的烹飪方式，導致大部分菜肴都很難進行烹飪完成後的裝盤、造型等二次修飾。當我們在烹飪進行的初始階段，將食材一層層地鋪在碗中時，基本就奠定了這道菜肴的造型。所以餐具的材質、款式、功能的挑選就顯得尤為重要。

　餐具材質分類

陶瓷

陶瓷餐具的主要原料是黏土。因為其耐高溫、高硬度的特點被廣泛使用。隨着工藝的進步，陶瓷的造型、花紋設計等也越來越豐富。我們在購買陶瓷餐具時，應選擇光潔度高、無異味的餐具，而顏色過於豔麗的陶瓷，會存在重金屬添加劑隱患，最好避免購買。

骨瓷

骨瓷是瓷器的一種，其顏色柔和光潔，瓷質細膩、透光度強，強度較陶瓷更高，重量也更輕盈一些。骨瓷在燒製過程中添加了動物骨炭，工藝更為複雜，因而價格也更為昂貴。

　餐具功能分類

陶瓷

適用於平鋪造型的菜肴，例如蒸肉餅、蒸茄子、蒸魚等。

湯碗

適用於湯羹、甜品或者份量較大的肉類菜肴，例如銀耳蓮子紅棗羹、竹香粉蒸肉、當歸紅棗蒸雞等。

燉盅

適用於小份量、造型精緻的菜肴，例如清蒸獅子頭、椰奶雞蛋羹等。

3 輔助食材的介紹和搭配

荷葉

乾荷葉經過浸泡之後，帶有韌性，方便包裹食材和造型，比如包裹糯米，搭配一些其他的食材，做成荷葉雞、荷葉飯等，都非常有特色。

竹筒

竹子風雅、清香解膩，非常適合搭配臘肉等濃香型的食材，濃郁的肉香混合着竹子的清香，帶來極大的山野情趣。

糉葉

糉葉最大的功能就是包糉子，包糉子的糉葉要先浸泡，增加其柔韌度，即使如此，還是容易撕裂，在使用的時候一定要注意力度。

常用的調料香料

薄荷葉

薄荷葉的出眾之處在於清涼潤喉的口感、獨特的清香，還有極具裝飾和造型能力。在蒸製的烹飪方式中，薄荷葉與海鮮類食材、清淡口味的菜肴都極為搭配，不論是前期加入一起蒸製帶來清爽的口感，還是成品做好後，用薄荷葉進行裝飾擺盤，都非常出色。

九層塔

九層塔又稱「羅勒」，原產於印度，氣味芳香獨特，葉子、根莖很鮮嫩，和蔬菜、肉類一起烹飪，會帶來濃郁的異域風情，比如九層塔蒸魚、九層塔蒸肉末等，也適於與辛辣食材搭配。

紫蘇

紫蘇是一種比較常見的香料，一般在菜場都能購買到。紫蘇的香味濃郁，有很好的去腥提味的效果，常用於辛辣口味的魚類菜肴的烹飪，可開胃解膩，也可用於擺盤的裝飾。

蒜蓉

大蒜是日常烹飪常備的香料之一，顏色上可分為白皮、紫皮、紅皮等，從形狀上又分為獨瓣蒜和八瓣蒜。生吃辛辣開胃，通過烹飪加工後的蒜蓉香辣可口，都是調味佳品。在蔬菜和肉類的烹飪中我們都大量使用大蒜，蒸魚、河鮮時加蒜，能極大地豐富口感層次，不論是清淡還是酸辣的菜肴，加入大蒜調味，口味都能自然融為一體。

胡椒

胡椒分為白胡椒和黑胡椒兩種，從口感上來說，黑胡椒更為辛辣，多用於調味去腥，而白胡椒口感和食用效果更為溫和，一般用於煲湯。我們在烹飪魚肉菜肴時，加上胡椒粉能起到很好的去腥、提鮮、豐富口感的效果。

芫茜

芫茜是常見的香料，也可以單獨作為蔬菜進行烹飪。芫茜香味獨特，根莖的口感脆爽。作為香料使用時，通常是切碎後撒在菜肴上作為裝飾和調味。

　　蒸菜因為烹飪方式的獨特性，能最大限度地保留食材的原汁原味，鎖住食材的營養，減少二次加工後營養的流失。但同時因為蒸製過程中不宜翻動、不宜中途添加調味品等限制，使得醬汁的調配變得尤為重要。不管是蒸製之前的醃製，還是入鍋之前的調味，直到出鍋後的澆汁，都是必不可少的一個步驟。

　　醬汁可以是任何味道的組合，可以是酸辣的、香甜的、酸香的、椒麻的，濃油赤醬抑或酸甜香辣，可以隨心所欲地根據自己的喜好和心情來調配。同樣一道食材，澆上不同的醬汁，就可以變化成另一道菜。比如說排骨，蒸熟後澆上蒜香汁，就是蒜香排骨；拌上香芋蒸熟後，澆上溦粉湯汁，就是芋香排骨；淋上香辣麻椒醬，就是香辣排骨……諸如此類的小竅門，在我們融會貫通之後，會讓餐桌變得更加豐富多彩。

腐乳醬

材料

紅腐乳 50 克｜蒜蓉 20 克｜米酒 2 茶匙
薑末 1 茶匙｜橄欖油 1 茶匙

製作步驟

1. 將腐乳放入碗中，倒入米酒，攪拌均勻。
2. 加入蒜蓉、薑末拌勻。
3. 倒入橄欖油，用力攪拌至乳化均勻的狀態即可。

1

2

3

澱粉湯汁

材料

澱粉 1 茶匙
高湯（市售成品雞湯）適量
葱花少許

製作步驟

1. 將高湯倒入鍋內燒開。
2. 澱粉加入少許涼白開水，混合均勻，製成水澱粉。
3. 將水澱粉倒入燒開的高湯中攪拌均勻，製成濃稠的湯汁。
4. 撒上少許葱花即可。

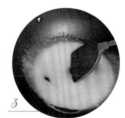

烹飪秘笈

- 市售成品高湯如果本身含有鹽分的，則不需要在調製醬汁的過程中再放鹽。如果是自製的高湯，要根據實際情況進行調味。
- 澱粉湯汁的主要作用是讓菜肴的湯汁口味更加豐富，主要由澱粉調製而成，可以根據不同的口味需求，加入不同的調味品，例如胡椒粉、芫茜、幼砂糖或者生抽等。

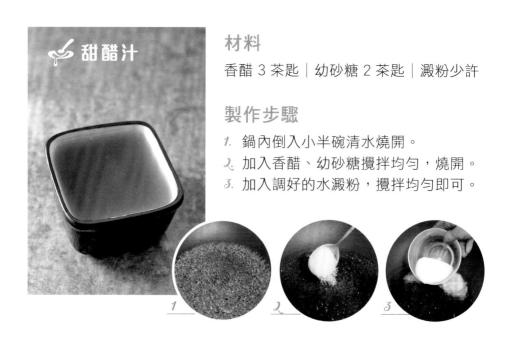

甜醋汁

材料

香醋 3 茶匙 ｜ 幼砂糖 2 茶匙 ｜ 澱粉少許

製作步驟

1. 鍋內倒入小半碗清水燒開。
2. 加入香醋、幼砂糖攪拌均勻，燒開。
3. 加入調好的水澱粉，攪拌均勻即可。

材料

紅酒 20 克 ｜ 幼砂糖 3 茶匙 ｜
檸檬汁 2 茶匙

紅酒甜醋汁

製作步驟

1. 鍋內清水燒開，放入裝有檸檬汁的小碗，隔水加熱至溫熱。
2. 熱好的檸檬汁，加入幼砂糖，趁熱攪拌均勻至糖溶化，放涼備用。
3. 涼好的檸檬汁，加入紅酒，攪拌均勻即可。

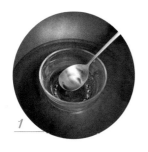

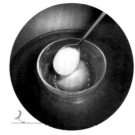

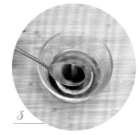

番茄酸甜汁

材料

番茄 1 個
幼砂糖 2 茶匙
番茄醬 1 湯匙
澱粉 1 茶匙
植物油 1 茶匙

製作步驟

1. 番茄洗淨、去皮,切丁。
2. 鍋內倒入植物油燒熱,加入番茄丁,小火翻炒。
3. 加入幼砂糖攪拌均勻,小火炒至番茄丁出汁。
4. 加入番茄醬攪拌均勻,倒入溫開水,沒過食材少許,小火燜煮。
5. 澱粉倒入少量清水,攪拌均勻,製成水澱粉。
6. 將水澱粉倒入已經煮爛的番茄湯中,攪拌均勻形成醬汁即可。

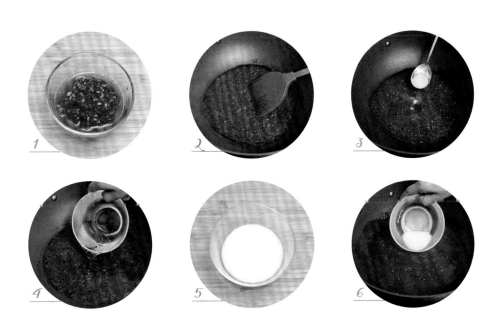

🥄 鮑魚汁

材料
市售鮑魚汁 1 罐
胡椒粉 1 茶匙
澱粉 1 茶匙
鹽少許

製作步驟
1. 鮑魚汁和清水按照 1：0.5 的比例調配，倒入鍋中燒滾。
2. 澱粉加入少量清水攪拌均勻，製成水澱粉備用。
3. 燒開的鮑魚汁根據鹹淡，適當加入鹽，拌勻。
4. 將水澱粉倒入鮑魚汁中攪拌均勻，形成黏稠的醬汁。
5. 撒上胡椒粉調味即可。

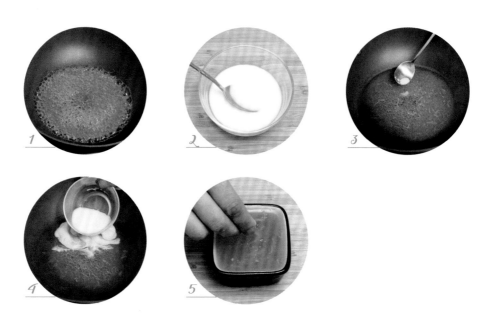

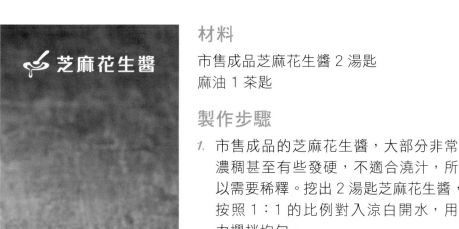

材料

市售成品芝麻花生醬 2 湯匙
麻油 1 茶匙

製作步驟

1. 市售成品的芝麻花生醬，大部分非常濃稠甚至有些發硬，不適合澆汁，所以需要稀釋。挖出 2 湯匙芝麻花生醬，按照 1：1 的比例對入涼白開水，用力攪拌均勻。

2. 在芝麻花生醬中加入麻油，用力攪拌至完全乳化即可。

材料

植物油適量
（根據食材份量酌情調整用量）

製作步驟

將植物油倒至鍋內，大火燒至冒煙的熱度，趁熱澆在備好的食材表面，利用高溫能量瞬間接觸食材，獲得視覺上的熱油沸騰效果，以及食材接觸高溫瞬間產生的焦香口感和噴鼻香味。

蒜香汁

材料

大蒜 2 個
植物油 2 茶匙
料酒 1 茶匙
生抽 1 茶匙
鹽 1/2 茶匙
澱粉少許
雞精少許

製作步驟

1. 大蒜剝皮，切成蒜蓉；澱粉加入少許涼白開水，攪拌均勻成水澱粉。
2. 鍋內倒入植物油，大火燒熱，轉中火，放入蒜蓉，快速翻炒至金黃脆香。
3. 加入鹽、料酒、生抽，雞精翻炒出香味。
4. 沿着鍋邊倒入一小碗開水，燒滾。
5. 在鍋內加入調好的水澱粉，攪拌均勻，關火即可。

 麻辣紅油

材料

植物油 30 克｜辣椒粉 20 克
芝麻 10 克｜八角 2 顆｜桂皮 5 克
花椒 10 克｜香葉 2 片｜大蔥 2 根
大蒜 1 個｜生薑 10 克｜鹽 1 茶匙
幼砂糖 1 茶匙｜白醋少許

製作步驟

1. 辣椒粉、芝麻、鹽、幼砂糖拌勻，做成辣椒粉，放入一個乾燥的碗內備用。

2. 大蔥洗淨，切小段；生薑切絲；大蒜剝皮，切成薄片。

3. 八角、桂皮、花椒洗淨，瀝乾水分備用。

4. 植物油倒入鍋中燒熱，倒入蔥薑蒜、花椒、桂皮、八角、香葉，小火翻炒。圖 1

5. 炒至香味出來、蔥薑蒜焦黃，關火，撈出所有材料棄用。圖 2

6. 舀出一勺熱油，倒入辣椒粉中，迅速攪拌均勻。圖 3

7. 鍋內熱油二次加熱（不用滾燙，加溫即可），倒入攪拌過的辣椒粉中，再次攪勻。圖 4

8. 辣椒粉中加入 20 毫升涼白開水、少許白醋，攪拌均勻即可。圖 5

9. 靜置 10 小時以上，顏色更為鮮亮，口味更地道，也可以馬上使用。圖 6

速成剁椒醬

材料

紅尖椒 5 隻
蒜蓉 20 克
生薑 20 克
鹽 1 茶匙
植物油 2 湯匙
白醋 1 湯匙
麻油少許

製作步驟

1. 紅尖椒洗淨後，擦乾水分，切成碎末（戴手套，防止辣手）。
2. 生薑削皮，切成小丁。
3. 鍋內倒入植物油燒熱，倒入辣椒末、蒜蓉、薑丁，轉小火翻炒。
4. 翻炒至辣椒半熟，加入鹽、白醋，翻炒均勻，小火炒至全熟。
5. 將炒好的辣椒盛入碗中，放涼。
6. 滴入少許麻油，攪拌均勻即可。

豆豉醬

材料

乾豆豉 50 克
蒜蓉 15 克
薑末 5 克
大頭葱 2 根
植物油 1 湯匙
醬油 1 茶匙
幼砂糖 1 茶匙
米酒 20 克

製作步驟

1. 大頭葱洗淨，取根部，切成葱末。
2. 鍋內加入植物油燒熱，倒入葱薑蒜，轉小火炒香。
3. 放入乾豆豉，翻炒至豆豉的香味出來。
4. 加入醬油、米酒，翻炒均勻。
5. 加入小碗清水，小火煮至豆豉變軟。
6. 加入幼砂糖，攪拌均勻即可。

🥄 香辣醬

材料

小辣椒 5 隻
乾辣椒 5 隻
蒜蓉 20 克
葱末 10 克
薑末 10 克
料酒 1 茶匙
鹽 1 茶匙
生抽 1 茶匙
植物油 1 湯匙
葱花少許

製作步驟

1. 小辣椒洗淨後切碎、乾辣椒剪成碎塊。
2. 鍋內倒入植物油燒熱，倒入葱薑蒜、辣椒炒香。
3. 加入鹽、生抽、料酒，翻炒均勻，小火煮到收汁。
4. 撒上葱花即可。

酸辣汁

材料

剁椒 50 克
白醋 10 克
蒜蓉 10 克
植物油 1 湯匙
黑芝麻 1 茶匙

製作步驟

1. 剁椒、白醋放入碗中攪拌均勻。
2. 在碗面上均勻鋪上蒜蓉，撒上黑芝麻。
3. 鍋內倒入植物油，燒熱至冒煙。
4. 趁熱澆入碗中即可。

梅乾菜肉醬

材料

梅乾菜 50 克
免治豬肉 80 克
冰糖 10 克
蒜蓉 10 克
薑末 10 克
植物油 1 湯匙
醬油 1 茶匙
料酒 1 茶匙

製作步驟

1. 梅乾菜洗淨、瀝乾水分，切成碎末。
2. 鍋中倒入植物油燒熱，倒入蒜蓉、薑末，小火炒香。
3. 倒入免治豬肉炒至變色，加入醬油、料酒，翻炒均勻。
4. 倒入梅乾菜末，中火炒香。
5. 倒入清水，以沒過鍋中食材為準，加入冰糖，小火燜煮。
6. 煮 30 分鐘左右，至湯汁濃稠收乾即可。

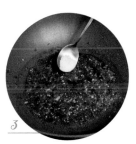

香辣麻椒醬

材料

辣椒粉 20 克
紅尖椒 10 根
乾豆豉 10 克
蒜蓉 20 克
薑末 20 克
炒香的花生米 20 克
熟白芝麻 10 克

芝麻花生醬 1 湯匙
鹽 2 茶匙
幼砂糖 1 茶匙
白酒 1 湯匙
生抽 1 湯匙
植物油 2 湯匙

製作步驟

1. 花生米拍碎、紅尖椒洗淨後切碎備用。
2. 鍋內倒入植物油加熱,加入蒜蓉、薑末、豆豉、紅尖椒碎,小火炒香。
3. 鍋內倒入白酒、生抽、鹽,翻炒均勻。
4. 依次加入辣椒粉、芝麻花生醬、幼砂糖,攪拌均勻,小火燜煮至材料融合、湯汁變濃稠。
5. 撒上花生米碎和熟白芝麻拌勻即可。

　　海鮮魚蝦因其肉質的鮮嫩和湯汁的甜美，最適合使用蒸製的方式，可令你品嘗到食材的原汁原味。海鮮魚蝦的種類繁多，因此在蒸菜中佔有非常重要的份量。

　　我們以蒸製一條鱸魚為例，從購買到擺上餐桌，詳細分解每一個步驟。只要你掌握了基本的蒸製竅門，便可以舉一反三，用同樣的方法蒸製其他魚類、甚至是蝦類、貝類，從而豐富你的餐桌。

1 購買 1 條約 700 克的鱸魚，讓魚販幫忙劏魚、去鱗片等加工。

　　適合蒸製的整條魚以一兩斤為宜，過小無肉，過大不容易蒸熟，如果是切段的魚肉、魚片，則根據需求調整用量。

常見的海鮮有海鱸魚、黃花魚、多寶魚、魷魚等，範圍可以延伸至新鮮的蝦蟹類和貝類，比如基圍蝦、花甲、蛤蜊、海蟹等，通常用蒜蓉、甜醋汁、澱粉糖汁之類較為清淡的醬料進行調配。河魚則以魚頭、半加工好的魚乾為主，多採用剁椒、麻辣紅油、豆豉等香料較多、口味較重的調料。

2 鱸魚洗淨後，在魚身的兩面各劃上兩道刀口。

　　魚肚內的內臟去除不要（魚子可以留下），血水、魚鰓都要去除乾淨。將魚擺在案板上，根據魚的大小，在魚身兩面用刀各劃上兩三刀平行的刀口，刀口劃破魚皮即可，不需要太深，目的是避免在高溫蒸製過程中，魚皮破裂脹開影響美觀；如果劃得太深入骨，蒸製後的魚肉容易散開。

如果是河魚，魚肉較緊，可以劃十字交叉的刀花，刀口也可以比海魚更深一些。

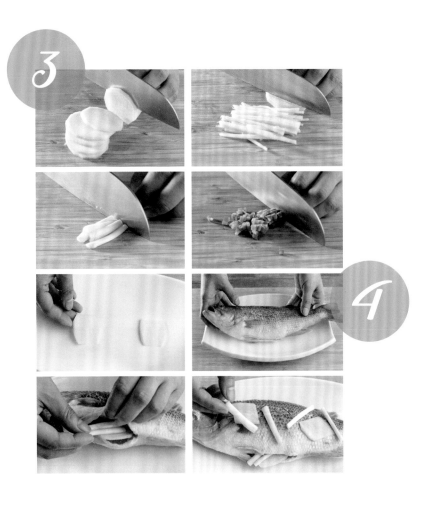

3 生薑一半切大片，一半切薑絲；細香蔥的蔥白切小段，其餘切成蔥花。

河鮮魚蝦無可避免地帶有腥氣，最好的辦法便是用生薑、蔥白去腥，因此在所有包含魚蝦食材的菜肴中，我們都會看到生薑的使用。蔥白一樣有去腥提鮮的效果，而蔥的綠色部分則切成蔥花，在擺盤時起到裝飾的作用。

4 取一個橢圓形的餐盤，或者是魚形盤，盤底墊上兩片薑片，將鱸魚擺在盤中，魚肚中放入 1 片薑片和兩段蔥白，魚上面再擺上薑片和蔥白。

在蒸一條完整造型的魚鮮時，我們選擇長方形、橢圓形或者是魚形的餐盤。顏色選擇純白色為佳，這樣可以凸顯擺盤時主材料的存在感，而且色彩上顯得簡潔高雅。而在蒸蝦類、貝類或者是切段的魚類（比如龍脷魚柳、巴沙魚、魷魚段、帶魚、鰻魚等）時，則可採用普通的圓形餐盤。

5 鐵鍋內水燒開，架上不銹鋼蒸盤，將餐盤擺在蒸盤上，蓋上鍋蓋，大火蒸 20 分鐘。

蒸魚都是等水開後再上鍋蒸，一般蒸 15~20 分鐘即可。不確定時可將筷子插入魚肉，能直接插到底，就代表熟透了。如果中間遇到阻礙，則是時間不夠。避免蒸的時間過久，否則魚肉容易散開、老化。

6 將盤中的薑片、葱段、魚汁棄用，撒上葱花和薑絲。

這一步很重要，因為是快速蒸製，魚汁不像熬了很久的魚湯那麼有營養，而且會包含魚腥氣；所以這一步的魚汁必須棄用，重新澆汁。

7 生抽和涼白開水按照 1：1 的比例兌好，均勻淋在魚上。

　　這是最為簡單的清蒸醬汁調配方法，可最大限度地保留魚肉的原汁原味。如果喜歡其他口味，也可以搭配其他不同味道的醬汁。一般海鮮適合搭配清淡口味或者酸甜口味的醬汁，而河鮮適合麻辣鮮香的重口味醬汁。

8 鍋內倒入植物油，加熱至冒煙的滾燙狀態，趁熱澆在魚上即可。

　　大部分的蒸魚菜式都可以用到澆油這一步驟，魚肉瞬間接觸高溫產生的香氣，對菜肴的口感有很大的提升。

Chapter 1

蔬菜類

香辣粉糯、促進消化

剁椒芋芀

🕐 40 分鐘　🏠 簡單

主料

小芋頭 500 克

輔料

剁椒 1 湯匙
豆豉 1 茶匙
植物油 1 湯匙
鹽 5 克
蔥花少許

烹飪秘笈

- 購買個頭小的芋頭，對半切開即可。
- 芋頭煮熟後再剝皮，能避免手部皮膚發癢。

特色

湘菜中的經典菜式，芋頭中含有大量澱粉，口感粉糯且容易入味。在蒸製過程中，芋頭吸收了剁椒的酸辣，更加鮮香開胃。

做法

1. 芋頭洗淨，放入鍋中煮熟。圖 1
2. 將煮好的芋頭剝皮、切成大塊，放入碗中。圖 2
3. 拌入剁椒、植物油、豆豉和鹽，混合均勻。
4. 待蒸鍋內的水燒開，用大火蒸 30 分鐘左右至芋頭綿軟。圖 3
5. 在蒸好的芋芀上撒蔥花即可。圖 4

主料

南瓜 500 克
新鮮百合 1 頭
蜜棗 5 顆

烹飪秘笈

青皮老南瓜的口感更為粉糯，含糖量更高。南瓜和蜜棗本身帶有甜味，所以不用放糖也能品嘗到食材本身的香甜。

特色

秋天氣候乾燥，容易上火，採用蒸製的烹飪方式更為適宜。而百合、蜜棗都是比較滋潤的食材。在收穫了金燦燦的大南瓜後，搭配百合蜜棗，利用食材天然的甘甜做一道好吃又滋潤的菜餚吧！

秋意盎然
百合蜜棗南瓜條

🕐 30 分鐘　🏠 中等

做法

1. 南瓜去皮、去瓤，洗淨，切成粗條，擺入盤中。
2. 新鮮百合洗淨、掰成片，擺在南瓜上。
3. 蜜棗洗淨後擺在南瓜上。
4. 蒸鍋內水燒開，小火蒸南瓜 15 分鐘左右，至南瓜軟綿即可。

把尋常蔬菜做出精緻口感

上湯娃娃菜

 20 分鐘（浸泡時間除外） 🏠 中等

特色

娃娃菜在搭配了瑤柱火腿等濃香食材後，菜肴的湯汁豐美，濃香撲鼻，具有豐富的營養和多層次的口感，普通的食材瞬間變得不平凡。

主料

娃娃菜 300 克

輔料

無鹽雞湯 100 克 　生抽 1 茶匙
瑤柱 10 克 　　　白胡椒粉少許
金華火腿 10 克 　　葱花少許

烹飪秘笈

• 瑤柱、蝦米都是提鮮的乾貨食材，可以根據個人喜好添加。

• 雞湯可用市售成品雞湯代替，如果是含有鹽分的雞湯，則不要在烹飪過程中再加鹽。

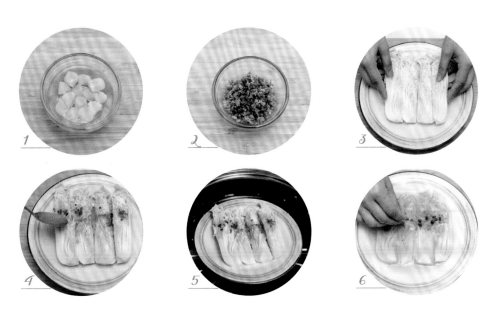

做法

1. 瑤柱提前用溫水浸泡 1 小時，洗淨。
2. 金華火腿洗淨後切成細末。
3. 將娃娃菜每一棵對半切成 4 塊、洗淨後擺在盤中。
4. 把瑤柱、金華火腿撒在娃娃菜上，淋上雞湯。
5. 蒸鍋內水開後，大火蒸 10 分鐘，至瑤柱、火腿的香氣散發開來。
6. 在蒸好的娃娃菜上均勻淋上生抽、撒上白胡椒粉和葱花即可。

 營養貼士

娃娃菜含有豐富的維他命和膳食纖維，與白菜在外形和口感上都略為相似，但其鈣含量是普通白菜的兩三倍，在口感上也更甜一些。

原汁原味的清香

涼拌茄子

🕐 30 分鐘　🏠 中等

特色

涼拌茄子是一道經典素菜，用清蒸的方式調出茄子本身的香甜，再加以醬汁調味，是非常養生又能保持食材自然風味的做法。

主料

紫皮大茄子 1 個（約 500 克）

輔料

蒜蓉 10 克　　　　鹽 1/2 茶匙
低鹽生抽 1 湯匙　　葱花少許
植物油 1 茶匙

烹飪秘笈

蒸好的茄子帶有自然的香甜，如果喜歡吃辣，也可以撒上少許辣椒粉。

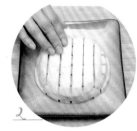

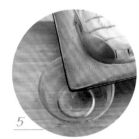

做法

1. 將茄子洗淨削皮，去掉茄蒂。
2. 茄子切成條，均勻抹上鹽，平鋪在盤中。
3. 蒸鍋內水燒開後，將茄子擺入蒸鍋內，大火蒸 15 分鐘。
4. 植物油、生抽、蒜蓉放入碗內，注入 20 毫升涼白開水，攪拌均勻，調成醬汁。
5. 將蒸好的茄子瀝出水分。
6. 淋上拌好的醬汁、撒上葱花即可。

 營養貼士

茄子肉質細膩香甜，是廣受大眾喜愛的食材。其營養豐富，含有豐富的膳食纖維和較高的維他命 E，對於延緩衰老和降低「三高」有很好的食療效果。

營養豐富，鮮香美味

芙蓉茄盒

 40 分鐘　　中等

特色

芙蓉茄盒的擺盤美觀，食材中的蛋液金黃，所以命名為「芙蓉」，分為油炸和清蒸兩種做法。採用蒸製的方式，做法簡單、少油煙，從健康角度來說，更為適宜。

主料

紫皮茄子 1 個（約 500 克）
免治豬肉 100 克，雞蛋 1 個

輔料

生抽 1 茶匙　　黑胡椒粉 1/2 茶匙
鹽 1/2 茶匙　　葱花少許

烹飪秘笈

- 免治豬肉餡料在塞滿茄盒後，如果有剩下的，可以和雞蛋液攪拌均勻後蒸食。
- 餡料的調配可以根據個人的喜好增減調味品，比如五香粉、辣椒粉之類。

做法

1. 茄子洗淨後去掉蒂部，削皮，切成 4 厘米厚的圓段。
2. 免治豬肉加鹽、黑胡椒粉、一半生抽、一半葱花，攪拌均勻，調成餡料。
3. 茄段對半切一刀，保留部分連接。將調好的餡料塞進茄子夾縫當中。
4. 雞蛋打散，加入 1：1 比例的清水，攪拌均勻，倒入茄盤。
5. 將夾好肉餡的茄盒在蛋液中均勻打滾，整齊擺好，放入蒸鍋內，大火蒸 15 分鐘左右。
6. 蒸好的茄子瀝乾盤中多餘的水分，撒上剩下的葱花並淋上剩餘的生抽即可。

 營養貼士

前一道菜我們瞭解了茄子的營養，這道菜配以富含脂肪和蛋白質的雞蛋和豬肉，使得膳食的營養結構更加均衡。

讓蔬菜更有嚼勁
麵筋蒸茼蒿

🕐 20 分鐘　🏠 簡單

主料

茼蒿 300 克

輔料

麵粉 100 克　　　蒜蓉 20 克
麻油 1 湯匙　　　鹽 1 茶匙
黑芝麻 1 茶匙

烹飪秘笈

可以根據自己的喜好，在醬汁裏加上一些辣椒粉、花生碎等。

特色

茼蒿是菊科植物，有一種特別的清香，又稱「皇帝菜」，平時多見於吃火鍋時。這次我們用麵粉搭配蒸製，同時綜合了主食和蔬菜的營養，綠色的茼蒿和白色的麵粉相間，看着清爽，吃着韌勁。

做法

1. 茼蒿洗淨，去除老的部分，切成大段，晾乾水分。
2. 麵粉和鹽攪拌均勻，撒在茼蒿上，用手拌勻（保證每根茼蒿均勻裹上麵粉）。
3. 將拌好的茼蒿放入籠屜中，上大火蒸 5 分鐘左右。
4. 蒜蓉、麻油、黑芝麻攪拌均勻調成醬汁，淋在蒸好的茼蒿上即可（也可以在吃的時候蘸醬汁）。

主料

青椒 200 克

輔料

豆豉 10 克
生抽 1 湯匙
鹽 1/2 茶匙
植物油 1 茶匙

烹飪秘笈

- 購買新鮮的、略微帶點辣的本地青椒。
- 青椒可以對半切開、也可以切成段。
- 青椒去籽，會減少辣的程度，可根據個人口味選擇。

香辣下飯的素菜
豆豉蒸青椒

🕐 25 分鐘　　簡單

特色

食素，對身體排毒有着積極的作用。大部分的蔬菜瓜果中都富含膳食纖維，可以幫助腸胃運動，通腸排毒。在這款菜肴中，豆豉的濃香搭配青椒的辛辣，雖是素食，卻非常開胃下飯，讓人吃得一頭細汗，仍不想放下碗筷。

做法

1. 青椒洗淨、去蒂，對半切開，去籽。
2. 將青椒均勻抹上鹽，鋪在碟中。
3. 撒上豆豉，淋上生抽、植物油。
4. 蒸鍋內清水燒開，將青椒大火蒸 15 分鐘即可。

電腦族的護眼快手菜

粉蒸紅蘿蔔絲

 30 分鐘　　中等

特色

烹飪的過程簡單快速,一道菜可以滿足你對主食和蔬菜的雙重需求。根據自己的喜好,搭配不同的醬汁,可以獲得不同的口感,比如酸甜、香辣,盡可靈活掌握。

主料

紅蘿蔔 1 根（約 200 克）

輔料

麵粉 100 克　　乾辣椒 5 克
鹽 1/2 茶匙　　花椒粒 5 克
植物油 2 湯匙　蔥花少許
蒜蓉 5 克

烹飪秘笈

醃製過的紅蘿蔔絲儘量擠乾水分，這樣吃起來更有韌勁。

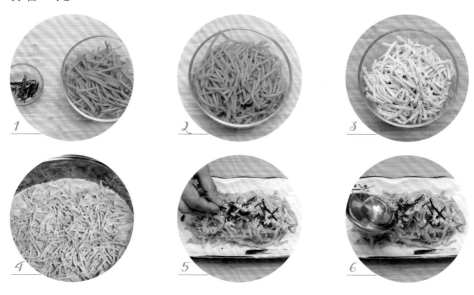

做法

1. 紅蘿蔔洗淨後切成細絲、乾辣椒切成細絲。
2. 將鹽拌入紅蘿蔔絲中，拌勻。醃製 10 分鐘，瀝乾水分。
3. 將麵粉倒入紅蘿蔔絲中，雙手搓勻，保證紅蘿蔔絲均勻裹上麵粉。
4. 蒸籠內鋪上屜布，放入紅蘿蔔絲，上大火蒸 4 分鐘左右。
5. 紅蘿蔔絲上撒上乾辣椒絲、蒜蓉和蔥花。
6. 另取一口鍋，倒入植物油燒熱，放入花椒粒翻炒，趁熱澆到紅蘿蔔絲上，吃時拌勻。

 營養貼士

紅蘿蔔的營養豐富，其特有的胡蘿蔔素對於長期用眼的電腦族、上班族來説，是非常好的營養品，是保護視力的好幫手。

雞蛋還可以這樣吃

豆乾杏鮑菇

🕐 30 分鐘　🏠 中等

特色

用雞蛋液濃縮製成的雞蛋乾，集合了雞蛋的營養和豆乾脆嫩彈牙的優點，和鮮美清脆的杏鮑菇搭配蒸製，口感層次豐富，回味無窮。

主料

雞蛋豆腐乾 100 克
杏鮑菇 200 克

輔料

鹽 1/2 茶匙　　　　紅椒絲 20 克
生抽 1 湯匙　　　　蒜蓉 10 克
植物油 1 湯匙　　　葱花少許

烹飪秘笈

雞蛋豆腐乾也可以用其他豆乾代替。

做法

1. 雞蛋豆腐乾洗淨後切大片、杏鮑菇洗淨後切大片。
2. 將雞蛋豆腐乾和杏鮑菇交叉平鋪在盤中，均勻撒上鹽。
3. 蒸鍋內水燒開後，擺上菜盤，大火蒸 15 分鐘。
4. 取出菜盤，撒上紅椒絲、均勻淋上生抽。
5. 另取一口鍋，倒入植物油燒熱，放入蒜蓉、鹽炒香，趁熱澆在菜盤上。
6. 撒上葱花即可。

 營養貼士

雞蛋乾是有着豆乾口感和形狀的雞蛋製品，用雞蛋液濃縮製成；因此營養成分類似雞蛋，有豐富的優質蛋白質和人體所需的多種微量元素。

促進腸胃蠕動的開胃菜

蠔油金針菇蒸豆腐

⏱ 30 分鐘　　中等

主料

金針菇 200 克
嫩豆腐 250 克

輔料

蒜蓉 10 克
蠔油 1 湯匙
小辣椒 2 隻
蔥花少許

烹飪秘笈

不要買太嫩的豆腐，不容易造型。

特色

整齊擺放的豆腐和金針菇，堆上一層醬汁調料，美觀好看。而蒜蓉的香、小辣椒的辣再配上金針菇的鮮，一口下去，很是滿足。

做法

1. 金針菇洗淨後切去根部，整齊擺放在盤中。
2. 嫩豆腐切成長方片，整齊放在金針菇中段。
3. 小辣椒切成碎末，和蒜蓉、蠔油一起淋撒在擺好的盤中。
4. 上蒸鍋，大火蒸 15 分鐘左右。撒上蔥花即可。

主料

蟹味菇 300 克
金華火腿 30 克

輔料

鹽 1/2 茶匙
蔥花少許

烹飪秘笈

金華火腿也可以用免治豬
肉、免治牛肉來代替。

特色

蟹味菇的肉質肥美，帶有螃
蟹的鮮美口感，因此稱為
「蟹味菇」。口感細滑有韌
勁，只要稍做調味，便能調
出其本身的美味。

蘑菇吃出了大海的味道

蟹味菇拌火腿

🕐 30 分鐘　　🏠 簡單

做法

1. 蟹味菇洗淨、金華火腿洗淨後切碎。
2. 蟹味菇撒上鹽，拌勻，撒上火腿末。
3. 蒸鍋內水燒開，大火蒸 15 分鐘左右，至火腿的香味散發出來。
4. 在蒸好的蟹味菇上撒上蔥花即可。

炎炎夏日就吃它

冬瓜火腿片

🕐 30分鐘　　🔲 中等

特色

這道菜口味清淡、鮮美。
冬瓜厚實細嫩的肉質吸收
了火腿的鹹香，變得格外
鮮甜，是夏天裏一道清爽
開胃的好菜。

主料

冬瓜 500 克
金華火腿 50 克

輔料

蒜蓉 5 克
葱花少許

烹飪秘笈

- 火腿本身帶有鹹味，因此不需要再加鹽。
- 喜歡吃辣的可以在第 4 步驟加上少許乾辣椒末。

做法

1. 冬瓜去瓤、削皮、洗淨，切成薄方片。
2. 金華火腿切成末。
3. 冬瓜片鋪在碟中，最上層放上火腿末。
4. 再撒上蒜蓉，用保鮮膜將碟子封住。
5. 蒸鍋內水燒開後，大火蒸 15 分鐘左右，至火腿香味散發開來。
6. 蒸好的冬瓜上撒上葱花即可。

 營養貼士

冬瓜很好吸收和消化，其清淡解膩，清爽的口感中帶有淡淡的瓜果香氣，是夏季常見的瓜果之一。

造型精美的粗糧
山藥火腿疊片

🕐 40 分鐘　　　中等

主料

鐵棍山藥 300 克
金華火腿 50 克

輔料

蜂蜜 10 克

烹飪秘笈

- 火腿的鮮香能極大提升山藥的口感。
- 火腿本身帶有鹹味，因此不用再放鹽。
- 蜂蜜能讓山藥的粉糯口感更豐富，也可以選擇不加。

特色

金華火腿濃郁的香味經過高溫蒸製後浸透到山藥中，山藥的軟綿粉糯與之完美結合，再用蜂蜜調味，口感自然融合又層層遞進。

做法

1. 山藥洗淨削皮，和金華火腿切成同等大小的長方形片狀。
2. 山藥片上蓋一片火腿片，如此交叉擺在盤中，用保鮮膜將碟子封住。
3. 蒸鍋內水燒開，放上山藥火腿，大火蒸 20 分鐘。
4. 取出淋上蜂蜜即可。

主料

山藥 200 克　　南瓜 100 克

輔料

鹽 1/2 茶匙　　肉鬆 10 克

烹飪秘笈

- 南瓜糊作為羹底，再將山藥切成末，可豐富羹的口感層次。
- 肉鬆可以根據自己的喜好增減，也可以加上海苔碎。

特色

南瓜湯底金黃濃稠，山藥切成末後，帶給你無處不在的脆爽口感，每一口都帶給你幸福的感受，再用鹹香的肉鬆加以點綴，不論在口感上還是在賣相上都更加完美。

做法

1. 南瓜削皮、去籽，切成片，蒸熟。
2. 蒸熟的南瓜用料理機打成糊。
3. 山藥削皮，切成碎末。
4. 將山藥碎末放入南瓜糊中，加入 150 毫升的清水，攪拌均勻。撒上鹽。
5. 蒸鍋水燒開，將山藥南瓜糊擺上去，中火蒸 20 分鐘。
6. 取出撒上肉鬆即可。

香濃爽口的粗糧羹湯

山藥南瓜羹

⏱ 60 分鐘　　🍴 中等

 營養貼士

山藥健脾暖胃，有很好的降低血糖的功效；南瓜含有大量膳食纖維，和山藥都屬高營養低脂肪的優質粗糧，不僅能幫助身體提高新陳代謝，還能增強體質，延年益壽。

裹不住的生機盎然

腐皮菠菜卷

↳ 40 分鐘　　🌀 中等

特色

腐皮濃郁的豆香、香韌的口感，菠菜翠綠討喜的顏色、爽脆的口感，都是很有辨識度的食材。用少量的調味品進行調味後，就可以品嘗食材本身的美味了。

主料	輔料	
腐皮 100 克	鹽 1/2 茶匙	雞精 1/2 茶匙
菠菜 200 克	麻油 1 茶匙	低鹽生抽 1 茶匙

烹飪秘笈

捲腐皮的時候，應避免用力過猛，否則會導致腐皮斷裂。

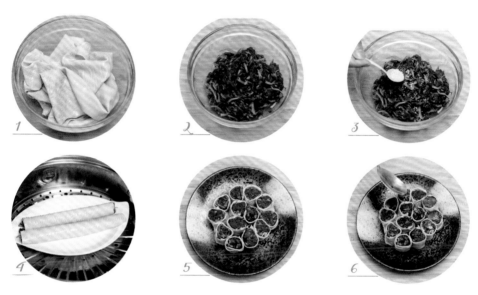

做法

1. 腐皮用溫水浸泡 10 分鐘左右，變軟即可。
2. 菠菜洗淨，切去根部，放入滾水焯熟，切絲。
3. 菠菜撒上鹽、雞精拌勻。
4. 將拌好的菠菜裹入腐皮中捲緊，上大火蒸 8 分鐘。
5. 取出後用刀切成小卷擺碟。
6. 將麻油、低鹽生抽攪拌均勻，淋在碟上即可。

 營養貼士

菠菜口感鮮嫩、營養豐富，含大量的維他命，和腐皮中的蛋白質相結合，完善了膳食結構。

蔬菜類

腐皮菠菜卷

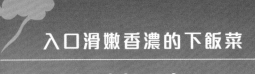

入口滑嫩香濃的下飯菜

欖菜蒸釀豆腐

40 分鐘　　中等

特色

豆腐細膩爽滑，散發着芬芳的豆香，再配上少許欖菜作為點綴，便綜合了豆腐的清香和欖菜的鹹香，變得清而不淡、鹹而不膩，恰到好處。

主料

豆腐 300 克
免治豬肉 80 克
橄欖菜 2 湯匙

輔料

乾紅辣椒 1 根　　葱花 20 克
薑末 1 茶匙　　　生抽 2 茶匙
植物油 1 湯匙

烹飪秘笈

不要買太嫩的豆腐，普通的豆腐即可。

做法

1. 免治豬肉混合 1 茶匙生抽、薑末，攪拌均勻。圖 1
2. 再加入橄欖菜、15 克葱花，攪拌均勻。圖 2
3. 豆腐均勻鋪在盤中，用刀劃成大小相等的小塊。圖 3
4. 將攪拌好的豬肉橄欖菜餡兒均勻鋪在豆腐上。圖 4
5. 大火蒸 10 分鐘，瀝乾盤中水分。圖 5
6. 將 1 茶匙生抽加入涼白開水，按照 1：1 的比例，攪拌均勻，淋在豆腐上。
7. 乾紅辣椒切碎，撒在豆腐表面，撒上剩餘葱花。
8. 鍋內倒入植物油燒熱，澆在豆腐上即可。圖 6

 營養貼士

豆腐的營養豐富，含有大量易被人體吸收的鈣質和不飽和脂肪酸，且不含膽固醇，熱量很低，屬健康又美味的食材。

感受江南水鄉的芬芳甜蜜

桂花糯米藕

⌐ 90 分鐘（不含浸泡時間）　🏠 高級

特色

這是一道江南水鄉的傳統名菜。蓮藕香甜清脆，糯米吸收了蓮藕的清香，軟糯多汁。

主料

蓮藕 1 節（約 500 克）

糯米 1 小碗（約 80 克）

輔料

紅糖 50 克

烹飪秘笈

選購蓮藕時，要選擇藕節肥大粗短、表面鮮嫩的，不要選擇藕節部分破損的，否則藕洞中會有很多污泥，很難清洗。

做法

1. 糯米洗淨後，用清水浸泡 2 小時。圖 1
2. 蓮藕削皮後洗淨，一端切開（留出一個藕蓋）。
3. 將糯米用筷子塞入藕洞，注意塞實。圖 2
4. 將之前切下來的藕蓋與糯米藕段合攏，用牙籤固定住。圖 3
5. 取一個大碗，放入糯米藕，加入清水、紅糖，沒過蓮藕，中小火蒸 50 分鐘左右。圖 4
6. 煮到蓮藕熟透，用筷子能扎進去即可關火，湯汁備用。圖 5
7. 撈出蓮藕，放涼至手能感覺到餘溫，切片上碟。
8. 將備用的湯汁繼續熬煮至蜜糖狀，澆到蓮藕上。圖 6

 營養貼士

蓮藕開胃健脾、補益氣血，是為數不多的含有豐富鐵元素的蔬菜之一，搭配同樣含有鐵元素的紅糖、滋陰補氣的糯米一起蒸製，營養更加豐富。

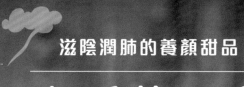

滋陰潤肺的養顏甜品

木瓜蒸百合

🕐 45 分鐘　　🏠 中等

特色

清甜細膩的木瓜，搭配清香脆爽的百合，
口感甜美，而且有淡斑潤膚的功效，是美
容養顏的佳品。而使用木瓜本身的小船造
型作為容器，看起來也非常精美可愛。

主料

木瓜 1 個
新鮮百合 2 個

輔料

枸杞子 5 克
蜂蜜 1 湯匙

烹飪秘笈

- 木瓜不用削皮，吃的時候，木瓜就是一個碗，用匙子直接舀着吃，很方便。
- 木瓜本身很甜，可以根據個人的喜好增減蜂蜜。

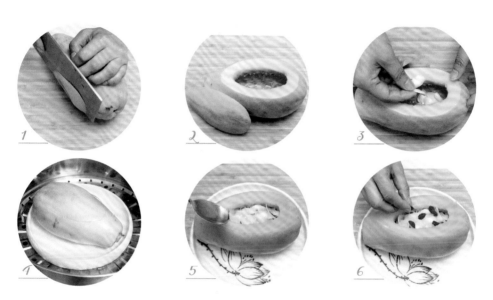

做法

1. 木瓜洗淨、底部切掉薄薄一層，方便蒸的時候木瓜可以擺穩。
2. 從木瓜上部 1/3 處切開，切出來一個蓋子。掏空內瓤，洗淨。
3. 新鮮百合洗淨、掰開，放入木瓜中，蓋上木瓜蓋子。
4. 蒸鍋內水燒開，將木瓜放入盤中，用中火蒸 25 分鐘左右。
5. 取出木瓜，打開木瓜蓋子，澆上蜂蜜。
6. 撒上枸杞子即可。

 營養貼士

百合有滋陰潤肺、止咳平喘的效果，木瓜不但果肉豐美細嫩、香氣濃郁、甜美可口，而且含大量維他命和膳食纖維，能幫助腸胃運動消化，促進身體的新陳代謝。

補益氣血的佳品

銀耳蓮子紅棗羹

🕐 60 分鐘（不含浸泡時間）　　簡單

主料

乾銀耳半朵
乾蓮子 20 顆
乾紅棗 10 顆

輔料

冰糖 20 克

烹飪秘笈

- 購買銀耳的時候，選擇顏色自然的，過於白淨或者過於發黃的都不好。
- 紅棗甜度比較高，不加糖也有自然的甜味。
- 雖然燉煮時間較長，但其實做的方法很簡單，用燉鍋頭天晚上提前燉好，早上起來直接喝，非常方便。

特色

蓮子粉糯清香，香甜的紅棗加上富含膠原蛋白的銀耳，使得湯羹濃稠香甜，不但好喝，且能夠促進腸胃的蠕動，起到很好的排毒養顏的效果。

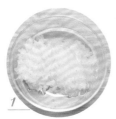   

做法

1. 銀耳提前一晚泡發，至完全膨脹。
2. 乾蓮子提前浸泡 2 小時、紅棗洗淨後備用。
3. 銀耳撕成小片，加入紅棗、蓮子、冰糖，倒入 1000 毫升清水。
4. 蒸鍋內水燒開，中小火蒸 60 分鐘左右，至蓮子軟爛即可。

Chapter 2

肉類

補血益氣的養顏佳品

當歸紅棗蒸雞

🕐 150 分鐘　　　中等

主料

土雞半隻（約 700 克）

當歸 20 克　　乾紅棗 10 顆

輔料

冰糖 30 克　　鹽 8 克

烹飪秘笈

- 土雞指的是農村散養的雞，各地叫法有所不同，基本特徵是個頭不大，1 隻大概 2 斤左右，肉緊實香甜，營養價值比起飼料雞高。
- 去掉雞皮，會使雞湯更清淡一些。
- 當歸味苦，所以要加入冰糖進行調味，可根據自己的口味適當增減冰糖的份量。

特色

當歸補血、紅棗養顏、雞肉滋補，三合一的搭配通過蒸製的烹飪方式，更加營養健康。當歸味苦，加以紅棗、冰糖和鹽進行調味，有藥香卻不苦澀、甜而不膩。

做法

1. 土雞洗淨後，切成塊，均勻撒上鹽拌勻，醃製 10 分鐘。
2. 紅棗洗淨、當歸洗淨後切薄片。
3. 醃製好的土雞加入紅棗、當歸、冰糖拌勻，放入碗內。
4. 蒸鍋水燒開，放入菜碗，蓋上鍋蓋，中火蒸 120 分鐘即可。

主料

雞肉 300 克
小板栗 150 克

輔料

鹽 6 克　　　胡椒粉 1 茶匙
生薑 10 克　　葱花少許

烹飪秘笈

- 可購買剝好的板栗仁，更為方便，喜歡吃板栗的可以增加份量。
- 雞肉可以選擇整隻雞，或者是雞腿等純肉的部分均可。
- 根據注入清水的份量多少，適量增減鹽分。

秋冬餐桌上的溫補佳肴

小板栗蒸雞

🕐 120 分鐘　　　中等

特色

板栗養胃健脾，在胃酸不舒服的時候吃些板栗特別管用。而且板栗的口感粉糯香甜，是非常受大家喜愛的食材。在這道菜中，板栗吸收了雞湯的鮮美，口感更加清甜粉糯，而雞湯也因為板栗的澱粉成分，變得更加濃郁甘甜，可謂是一舉兩得。

做法

1. 板栗剝殼，取肉；雞肉洗淨、切塊；生薑切片。
2. 將雞肉、板栗、生薑放入碗中，加入鹽，倒入 1000 毫升清水。
3. 蒸鍋內注入清水，放入湯碗，隔水大火蒸，水開後轉小火蒸 90 分鐘。
4. 蒸好的湯碗裏撒上胡椒粉和葱花即可。

鮮嫩入味、醬香濃郁

黑胡椒醬香雞腿

🕐 90 分鐘　　🏠 中等

特色

雞腿肉結實韌勁，口感彈牙，但不易入味。通過把
雞腿的表層劃刀、再加入滋味濃郁的配菜醬料醃製，
蒸出的雞肉不但保持了本身的鮮嫩彈牙，味道也更
加香濃。

主料

小雞腿 4 隻（約 250 克）
乾冬菇 4 朵

輔料

醬油 1 茶匙　　　黑胡椒粉 1 茶匙
蒜蓉 1 茶匙　　　薑末 1 茶匙
葱花少許

烹飪秘笈

如果購買的是較大的雞腿，可以剁成大塊進行烹飪。

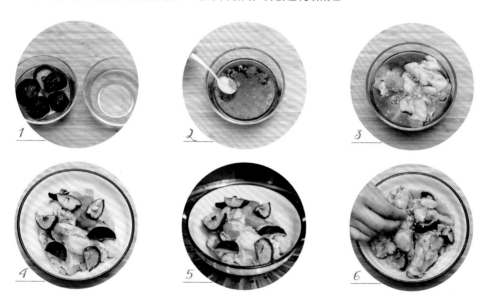

做法

1. 乾冬菇浸泡至微軟，洗淨。再加入少許清水繼續浸泡 20 分鐘，浸泡過的湯水備用。
2. 冬菇水加入醬油、黑胡椒粉、蒜蓉、薑末調成醬汁。
3. 雞腿洗淨，用刀劃開口子，倒入調好的醬汁拌勻，醃製 15 分鐘。
4. 盤中擺好醃製好的雞腿，將浸泡好的冬菇對半切開，放在雞腿上。
5. 蒸鍋內水燒開，放入菜盤，大火蒸 20 分鐘。
6. 打開鍋蓋，繼續蒸 10 分鐘至湯汁變濃，撒上葱花即可。

 營養貼士

黑胡椒對腸胃有很好的保養作用，驅寒開胃。雞腿肉富含蛋白質，可增強體質，強身健體。

讓肚子咕咕叫的美味
豆豉蒸雞中翼

🕐 40 分鐘　　🌫 中等

主料
雞中翼 10 個
乾豆豉 10 克

輔料
蒜蓉 1 湯匙
薑末 1 湯匙
醬油 1/2 湯匙
鹽 1 茶匙

烹飪秘笈
- 喜歡香辣口味的，可以加入 1 茶匙辣椒粉，和醬油、鹽同時抹在雞翼上。
- 這道菜的做法也適用於其他肉類，比如雞腿、雞胸肉、牛肉等。

特色
豆豉的香味獨特，非常濃郁，搭配蒜蓉等辛香料，一起撒在肉質緊實的雞中翼上，濃郁的香氣隨着蒸製溫度的上升而散發出來，還沒揭開鍋蓋，就已經讓人垂涎三尺了。

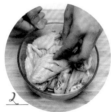

做法
1. 雞中翼洗淨，表面用刀劃開口子。
2. 在雞翼上均勻抹上醬油和鹽。
3. 將雞翼整齊擺入碟中，均勻撒上蒜蓉、薑末和乾豆豉。
4. 蒸鍋內水燒開，把碟放入，蓋上蓋子，大火蒸 25 分鐘即可。

主料

雞爪 10 隻
芋頭 150 克

輔料

豆豉 1 湯匙
蒜蓉 1 茶匙
生抽 1 湯匙
料酒 1 湯匙
鹽 1 茶匙

烹飪秘笈

- 雞爪選擇不帶雞腿骨的為佳。
- 可以根據個人口味適當調整蒸製時間，從 60 分鐘至 120 分鐘都可以。

特色

這是粵式早茶中的一款經典菜式，優哉遊哉地啃完軟爛入味的鳳爪後，再吃一口粉糯香甜、浸透了鹹香湯汁的芋頭，身心都獲得了滿足。

慢慢啃着吃

豉香芋頭鳳爪

🕐 150 分鐘　　🍳 中等

做法

1. 雞爪洗淨，放入料酒、鹽、生抽醃製 30 分鐘。
2. 芋頭削皮，洗淨，切成小塊，鋪在碟底。
3. 在芋頭上放上醃製好的雞爪，均勻撒上豆豉、蒜蓉。
4. 蒸鍋內水燒開，放入菜碟，蓋上鍋蓋，中火蒸 90 分鐘至雞爪軟爛入味即可。

用最風雅的方式來吃肉

糉香粉蒸肉

🕐 90 分鐘 　🥢 中等

特色

五花肉豐美多汁，湯汁都浸透至米粉中，香糯黏稠。竹葉經過蒸製之後滿屋清香，消解了五花肉的油膩，讓吃肉這件事變得更加風雅。

主料

帶皮豬五花肉 500 克
五香米粉 200 克
糭葉 5 張

輔料

生抽 1 茶匙
料酒 1 茶匙
鹽 1 茶匙
葱花少許

烹飪秘笈

- 糭葉可以用新鮮的,也可以用乾的,乾糭葉也不必泡發,直接乾蒸的香味也很好聞。
- 可以根據自己的喜好,加入一些馬鈴薯、芋頭之類的澱粉類蔬菜,再按照加入的比例適當加一些鹽。

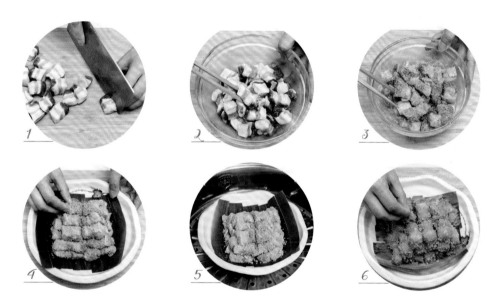

做法

1. 豬五花肉切成 1 厘米厚的方塊。
2. 生抽、料酒、鹽和五花肉攪拌均勻,醃製 15 分鐘。
3. 加入五香米粉拌勻。
4. 用一個大碗,底部墊上糭葉,將五花肉一層層疊好。
5. 蒸籠裏水燒開,放入五花肉中小火蒸 1 小時左右。
6. 在蒸好後的粉蒸肉上撒葱花即可。

梅乾菜蒸肉

🕐 3 小時　　🔷 中等

特色

梅乾菜又叫「霉乾菜」，是一道歷史悠久的名菜，各地的菜乾原料不盡相同，但都以綠葉青菜為主，比如「雪裏蕻」、「大頭菜」、「芥菜」等，都是經過晾曬加工製成的。梅乾菜最適合用於和葷菜肉類搭配，其獨特的香味浸透至肉食當中，香味交織融合，非常美味，連湯汁都是下飯的利器。

主料

帶皮豬五花肉 250 克

梅乾菜 50 克（可根據自己喜好增減）

輔料

料酒 1 湯匙　　生薑 10 克

鹽少許（根據梅乾菜的鹹淡調整）

烹飪秘笈

- 梅乾菜屬鹹菜類，不同地區的做法有所不同，有些是無鹽的，則需要在烹飪過程中放入適當的鹽，以 250 克五花肉為例，需要放 5 克左右的鹽。而含鹽的梅乾菜，根據鹹淡，可自行增減鹽的份量。

- 蒸肉的口感一般以軟糯中帶有一絲嚼勁為佳，蒸煮的時間可以根據個人對肉類的軟糯口感喜好自行調整，蒸兩三個小時都可以。

做法

1. 豬五花肉洗淨後切四方小塊，梅乾菜洗淨後用溫水浸泡 30 分鐘。圖 1
2. 五花肉用料酒醃製 20 分鐘。生薑洗淨，切片。
3. 梅乾菜擠乾淨水分，拌入醃製好的五花肉中。
4. 根據梅乾菜的鹹淡，適當放入鹽，與五花肉混合均勻。圖 2
5. 取一個大碗，薑片鋪在碗底，放入拌好的梅乾菜五花肉。
6. 蒸鍋內水燒開，放入菜碗，蓋上鍋蓋，中小火蒸 2 小時左右，至五花肉軟糯入味，色澤油亮，油脂浸入到梅乾菜中即可。圖 3

 營養貼士

梅乾菜開胃下氣、特別吸油解膩，所以多用於和大葷一起烹飪。而用於煲湯又十分清甜可口，不但能祛暑下火，而且能增加食欲。

有嚼勁的下酒菜

老乾媽蒸月牙骨

⏱ 60 分鐘　　簡單

主料

月牙骨 300 克
老乾媽 2 湯匙

輔料

料酒 1 湯匙
薑末 10 克
蔥花少許

特色

月牙骨俗稱「脆骨」，是動物前腿肉與扇面骨之間的一塊月牙形組織，潔白脆嫩、有嚼勁，是非常有特色的一種食材，配以老乾媽蒸製，做法簡單、香辣開胃，不管是下飯還是酌酒，都極為出色。

烹飪秘笈

- 月牙骨是連接豬筒骨和扇面骨的部分，有一層薄薄的瘦肉，骨頭脆嫩有嚼勁，吃起來嘎嘣嘎嘣的，是口感很獨特的肉類。
- 老乾媽中含有鹽分，因此不需要再加鹽，如果少放一些老乾媽，可以適當加入一些鹽進行調味。
- 老乾媽只是調味品中有代表性的一種，可以替換成香辣醬、蘑菇醬之類，也很好吃。

做法

1. 月牙骨洗淨，用料酒醃製 15 分鐘。
2. 醃製好的月牙骨瀝乾多餘料酒，拌入老乾媽、薑末，攪拌均勻。
3. 蒸鍋內水燒開，放入菜碗，蓋上鍋蓋，中小火蒸 45 分鐘左右。蒸好的月牙骨和老乾媽完全融合，口感脆彈爽口，香而不膩。
4. 在蒸好的月牙骨上，撒上蔥花進行配色即可。

主料

豬裏脊肉 200 克
乾紅棗 15 顆

輔料

老薑 2 片
料酒 1 茶匙
生抽 1 茶匙
鹽 1 茶匙

烹飪秘笈

- 豬裏脊肉可以替換成牛柳等
  其他肉類，味道一樣鮮美。
- 紅棗儘量選擇肉多核小的，
  吃起來香甜綿軟。

讓小朋友也愛上吃紅棗

棗香裏脊

🕐 90 分鐘　　🍴 中等

特色

紅棗是非常有營養的食材，搭配脂肪含量低、蛋白質含量高的裏脊肉一
起蒸煮，不但鮮嫩好吃，而且補益氣血，很適合小朋友和老人食用。

做法

1. 豬裏脊肉切成小塊，紅棗洗淨去核。
2. 裏脊肉加入料酒、生抽、鹽，攪拌均勻，醃製 20 分鐘。
3. 老薑放入醃製好的裏脊肉中，最上層放上紅棗。
4. 蒸鍋內水燒開，放入菜盤，蓋上鍋蓋，轉中小火蒸 40 分鐘左右，至
   紅棗軟爛，蒸出來的肉汁中有明顯的紅棗甜味即可。

肉香四溢的豆腐

蠔油排骨
疊豆腐

🕐 90 分鐘　　🍳 中等

主料

排骨 500 克
豆腐 250 克

輔料

蠔油 1 湯匙　　蒜蓉 1 茶匙
料酒 1 茶匙　　薑末 1 茶匙
鹽 1/2 湯匙　　葱花少許

烹飪秘笈

- 豆腐的品種沒有嚴格要求，老豆腐或者嫩豆腐都可以。
- 如果希望色澤更加濃郁，可以在醃製排骨時滴入幾滴醬油，攪拌均勻。
- 喜歡吃辣的，可以撒上一些小辣椒碎，或者在醃製的時候加入一些辣椒粉。

做法

1. 排骨切成小塊，在清水中浸泡 10 分鐘，洗淨後瀝乾水分。
2. 豆腐瀝乾水分，切成長方形小塊，均勻鋪在盤底。
3. 排骨加入蠔油、料酒、鹽、蒜蓉、薑末、葱花攪拌均勻，醃製 30 分鐘。
4. 醃製好的排骨，均勻鋪在豆腐上。
5. 蒸鍋內水燒開，放入菜盤，中小火蒸 40 分鐘即可。

豆香濃郁的高顏值菜肴

千張肉卷

🕐 60 分鐘　🥬 高級

主料

千張 1 大張 　　豬瘦肉 100 克
西蘭花 50 克

輔料

鹽 1 茶匙 　　料酒 1 茶匙
薑末 1 茶匙 　　黑胡椒粉 1 茶匙
五香粉少許 　　葱花少許

烹飪秘笈

- 肉餡不能鋪得太厚，否則在捲千張時容易擠出來造成破裂。
- 攪拌肉餡的時候，要往一個方向有力攪拌，才能讓肉餡上勁，不易鬆散。

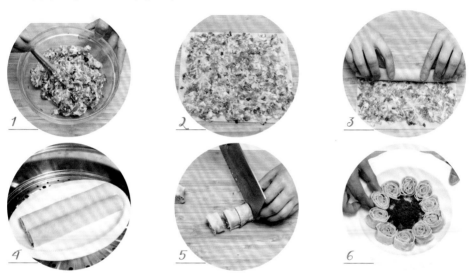

做法

1. 千張洗淨，瀝乾水分備用。
2. 西蘭花洗淨後，掰成小塊，焯熟備用。
3. 豬瘦肉剁成肉糜，拌上鹽、料酒、薑末、黑胡椒粉、五香粉、葱花，用力攪拌均勻。圖 1
4. 將拌好的餡料均勻地、薄薄地鋪在千張上。圖 2
5. 千張從一端捲起，略微捲緊一些，不能太鬆散但也不能太緊，注意力道。圖 3
6. 蒸鍋內水燒開，將千張肉卷用中火蒸 30 分鐘。圖 4
7. 將蒸好的千張卷切成 2 厘米左右厚度的小段。圖 5
8. 碟中央擺好焯熟的西蘭花，周圍一圈擺上切好的千張肉卷即可。圖 6

 營養貼士

千張的蛋白質含量豐富，而且易消化、好吸收，是各類人群都很適用的補充蛋白質的食材，常吃可強身健體。

炎炎夏日的袪暑佳品

蒸釀苦瓜筒

🕐 40 分鐘　📙 中等

主料

苦瓜 1 根
免治豬肉 200 克
雞蛋 1 個

輔料

細香蔥 1 小把（約 30 克）
鹽 1 茶匙
白胡椒粉少許

烹飪秘笈

購買粗壯一點的苦瓜，切出來的圓筒更美觀。

特色

苦瓜是時令性很強的蔬菜，在夏日食用可袪暑降火。但是很多人對於苦味有所抵觸而鮮少食用。這道菜用肉餡搭配苦瓜蒸製，能中和苦瓜的苦味，讓美味升級。

做法

1. 細香蔥洗淨後切成蔥花。
2. 苦瓜洗淨，切成 3 厘米左右高的圓筒狀，去瓤。圖 1
3. 雞蛋打散，加入免治豬肉、蔥花、鹽、白胡椒粉，攪拌均勻。圖 2
4. 將攪拌好的肉餡料填入苦瓜筒內，稍稍壓緊。圖 3
5. 上大火蒸 20 分鐘左右即可。圖 4

主料

豬裏脊肉 200 克
乾金針菜 20 克

輔料

鹽 1 茶匙　　　料酒 1 茶匙
生抽 1 茶匙　　　薑末 1 茶匙
蔥花少許

烹飪秘笈

豬裏脊肉口感柔嫩、脂肪含量
較低，也可以用肋排、牛柳等
其他肉類代替，舉一反三，做
出其他菜式。

特色

金針菜含有豐富的卵磷脂，有
很好的健腦、抗衰老的功效。
金針菜搭配肉類蒸製，口感清
爽不油膩，營養更豐富。

花香徐徐、清淡爽口

金針菜蒸裏脊

🕐 50 分鐘　　　中等

做法

1. 乾金針菜用清水浸泡至軟，洗淨，剪去根部，瀝乾水分備用。
2. 豬裏脊肉切成小塊，加入鹽、料酒、生抽、薑末，攪拌均勻，醃製
   20 分鐘。
3. 金針菜墊入盤底，將醃製好的豬裏脊肉均勻鋪在金針菜上。
4. 蒸鍋內水燒開，放入菜盤，蓋好鍋蓋，中火蒸 15 分鐘，至肉湯滲進
   金針菜中。
5. 在蒸好的裏脊肉上撒上少許蔥花作為裝飾即可。

寓意團圓美好

糯米珍珠丸子

🕐 50 分鐘（不含浸泡時間）　🪨 中等

特色

糯米丸子寓意團圓美好，包含着人們對生活的一種美好祝福。糯米吸收了肉丸的湯汁後，鮮甜可口、富有嚼勁，而且擺盤美觀，一口一個，吃起來也很方便。

 營養貼士

糯米是主食的一種，不但含有人體必需的碳水化合物，而且能滋補氣血，滋陰補腎，在蒸製後口感香濃有嚼勁，裹上富含蛋白質和脂肪的免治豬肉，足夠滿足人體的能量所需。

主料

豬瘦肉 250 克
糯米 100 克
雞蛋 1 個

輔料

蒜蓉 1 茶匙　　薑末 1 茶匙
鹽 1 茶匙　　　麻油 1 茶匙
蔥花少許

烹飪秘笈

- 糯米的形狀分為長形和圓形，珍珠丸子適合採用長形的糯米，黏性更強。圓形的糯米更適合包糉子或者是做湯圓之類的。
- 豬瘦肉可以略帶一點肥肉，我們購買普通豬肉就可以，稍微帶些油脂，能讓糯米丸子蒸出來更香。

做法

1. 糯米提前一晚上用清水浸泡，或提前 5 小時浸泡，泡好的糯米瀝乾水分。
2. 豬肉剁成肉糜，打入雞蛋，拌上蒜蓉、薑末、鹽、麻油，往一個方向用力攪拌均勻，靜置備用。
3. 拌好的肉餡捏成小球，放入糯米碗裏打滾，均勻裹上糯米。
4. 糯米球擺入盤中，每個之間有所間隔，不能挨得太緊密，以免糯米蒸熟後膨脹，黏在一起。
5. 蒸鍋內水燒開，放入菜盤，蓋上鍋蓋，大火蒸 25 分鐘左右，至糯米晶瑩剔透，香氣四溢。
6. 在蒸好的珍珠丸子上撒上蔥花裝飾即可。

清甜香嫩的江南風味

清蒸獅子頭

🕐 70 分鐘（不含浸泡時間）　🏠 高級

特色

獅子頭是江南一帶的傳統名菜，有清蒸、油炸等做法。獅子頭的主料是肥瘦相間的豬肉，加入了爽口清脆的馬蹄和香濃細滑的冬菇，使得口感鬆軟、肥而不膩、回味悠長。

主料

豬肉（肥瘦三七開）　馬蹄 50 克
　　200 克　　　　　冬菇 5 朵
雞蛋 1 個　　　　　油菜 2 棵

輔料

生薑 10 克　　　　澱粉 1 茶匙
鹽 1 茶匙　　　　　白胡椒粉 1 茶匙
料酒 1 茶匙　　　　雞精少許

烹飪秘笈

- 不放水的獅子頭，清蒸出來會有少量的湯汁，如果喜歡喝湯，可以在上鍋前在碗內加入適量清水。
- 避免購買純瘦肉，比如裏脊肉這類，做這道菜需要少量油脂，這樣獅子頭吃起來口感才更為鬆軟香甜。

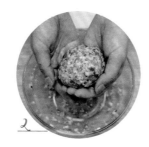

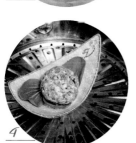
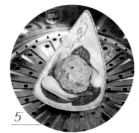

做法

1. 馬蹄、生薑洗淨、去皮；冬菇洗淨、去蒂；一起剁成細末，攪拌均勻，製成配菜餡料。如果是乾冬菇，需要提前泡發。
2. 豬肉剁成肉糜，加入配菜餡料，混合均勻做成肉餡。圖 1
3. 肉餡中加入鹽、料酒、澱粉和雞精，磕入 1 個雞蛋，朝一個方向用力攪拌上勁。
4. 將拌好的肉餡用手團成一個大肉丸子，這就是獅子頭了。圖 2
5. 油菜洗淨，外面的大片葉子鋪在碗底，做好的獅子頭放在葉片上。圖 3
6. 蒸鍋內水燒開，將菜碗放入，用中火隔水蒸 40 分鐘。圖 4
7. 打開鍋蓋，將油菜心放入獅子頭周邊，改小火蒸 5 分鐘。圖 5
8. 取出菜碗，撒上白胡椒粉即可。圖 6

擺盤精美的家常菜

香辣肉末
豆腐塔

🕐 50 分鐘　🔺 中等

特色

豆香和肉香的滋味互相交融，佐以香濃的欖菜，香辣開胃。利用模具做出三角形的造型，好吃又好看。

主料

絹豆腐 1 盒　　　　豬肉 100 克

輔料

辣椒粉 2 茶匙　　　欖菜 1 湯匙
蒜蓉 1 茶匙　　　　澱粉 1 茶匙
鹽、葱花各少許

烹飪秘笈

- 欖菜在超市有售賣，一般都是玻璃瓶裝，含有鹽分；因此在做肉餡時，可根據個人口味適量加入一些鹽分即可。
- 絹豆腐不老不嫩，適合這道菜的烹飪。

做法

1. 豆腐用清水浸泡 5 分鐘，瀝乾水分；豬肉剁成肉糜。
2. 免治豬肉加入辣椒粉、蒜蓉、澱粉和少許鹽，攪拌均勻製成肉餡。
3. 將絹豆腐切成小塊，拌入肉餡中，輕微緩慢地攪拌均勻，製成豆腐肉餡，不要攪得太細，以可以看到豆腐顆粒為準。
4. 取一個盤子和三角形的不銹鋼模具，將豆腐肉餡填一層在三角形模具中，撒上少許欖菜，再鋪一層豆腐肉餡，最上層再鋪上欖菜。
5. 蒸鍋倒入冷水，將菜盤帶模具一起隔水大火蒸開，轉小火蒸 15 分鐘。
6. 取出模具，菜肴呈三角塔狀，撒上少許葱花裝飾即可。

營養貼士

豆腐含有極易被人體吸收的鈣質和不飽和脂肪酸，豬肉中富含蛋白質，欖菜中富含膳食纖維，這道菜的膳食搭配十分合理。

冬菇蒸肉餅

🕐 50 分鐘　🏠 中等

特色

這道菜簡單易學，而且造型非常可愛精緻。冬菇醇厚細膩、清甜鮮美，搭配醇香多汁的豬肉，好吃好看又有營養。

主料

豬肉 150 克
鮮冬菇 8 朵

輔料

生抽 1 茶匙　　　鹽 1/2 茶匙
溦粉 1 茶匙　　　葱花少許
胡椒粉少許

烹飪秘笈

如果是乾冬菇，則需要提前浸泡至充分膨脹，再進行烹飪。

做法

1. 冬菇洗淨去蒂，留下 3 朵完整的，其餘切末。
2. 豬肉剁成肉糜，加入冬菇、生抽、鹽、溦粉，順時針用力攪拌均勻。
3. 做好的肉餡捏成小球，壓成小餅狀，均勻鋪在盤中。
4. 將完整的冬菇擺在肉餅中間。
5. 蒸鍋內水燒開，放入菜盤，大火蒸 15 分鐘至冬菇熟透，香味散發開來。
6. 蒸好的冬菇肉餅上撒上胡椒粉調味，撒上葱花即可。

 營養貼士

冬菇是高蛋白低脂肪、維他命含量豐富的食材，具有降血壓、降血脂、降膽固醇的食療效果，常吃可以增強身體免疫力。

裹着吃的植物膠原蛋白

雙耳蛋皮
豬肉卷

🕐 50 分鐘　🔶 中等

特色

金黃的蛋捲，擺成長
條或者花朵形都極為
好看，木耳和銀耳的
口感爽脆，搭配香濃
的豬肉，口感脆爽有
嚼勁，好吃又不膩。

主料

免治豬肉 200 克　乾木耳 10 克
銀耳 10 克　　　雞蛋 2 個

輔料

植物油 1 茶匙　　鹽 1 茶匙
料酒 1 茶匙　　　澱粉 1 茶匙
黑胡椒粉少許　　葱花少許

烹飪秘笈

裹蛋卷時注意控制力度，要保證豬肉餡裹緊實的情況下，蛋皮不要裂。

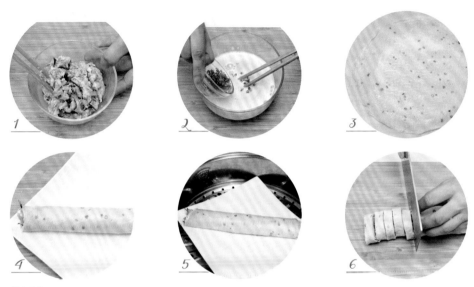

做法

1. 乾木耳、銀耳用清水浸泡至發開，切成細絲備用。
2. 免治豬肉加入澱粉、鹽、料酒、黑胡椒粉和葱花，用力攪拌上勁。
3. 拌好的豬肉餡加入木耳絲、銀耳絲，混合均勻。
4. 雞蛋加入少許鹽、少許葱花，用力打散。
5. 平底鍋倒入植物油加熱，倒入蛋液，攤成略有厚度的蛋皮，盛出備用。
6. 將豬肉餡裹入蛋皮，形成長筒形的蛋卷。
7. 蒸鍋內水燒開，放入蛋卷，中火蒸 15 分鐘。
8. 蒸好的蛋捲放至微涼後，切成圓餅狀即可。

 營養貼士

木耳是少數黑色食材，營養豐富，滋陰潤燥；銀耳富含膠原蛋白和維他命，抗疲勞、安神養顏。兩種食材在營養、口感、視覺上都結合得非常完美，好吃、好看。

爽脆可口的小可愛

馬蹄蘑菇
小碗蒸

🕐 40 分鐘　　中等

主料

蘑菇 200 克　　豬肉 50 克
馬蹄 50 克

輔料

生抽 1 茶匙　　鹽 1/2 茶匙
胡椒粉少許　　葱花少許

烹飪秘笈

- 挑選蘑菇的時候，儘量選擇個頭較大的，烹飪更為省力，成品更為美觀。
- 可以用其他可以倒扣成碗狀的冬菇代替蘑菇，比如新鮮冬菇等。

做法

1. 豬肉剁成肉糜；馬蹄洗淨後去皮，切末。
2. 將免治豬肉、馬蹄末、生抽、鹽、胡椒粉攪拌均勻，製成肉餡。
3. 蘑菇洗淨，去蒂，小心力度，不要用力過大導致蘑菇碎裂。
4. 將蘑菇反過來，在傘把凹陷處填入製好的肉餡，將填好肉餡的蘑菇呈小碗狀倒放在碟中。
5. 蒸鍋內水燒開，把碟放入，蓋上鍋蓋，大火蒸 15 分鐘左右，至肉汁浸入到蘑菇碗中，香濃鮮甜。
6. 把碟端出，撒上葱花即可。

 營養貼士

馬蹄又稱「荸薺」，可以做蔬菜也可以做水果。生吃脆嫩可口，清甜多汁。煮熟後，鮮甜中帶着香糯，含有大量的碳水化合物、蛋白質以及多種維他命。

入口即化的膠原蛋白
花生蒸豬蹄

⏱ 150 分鐘　　簡單

主料
豬蹄 500 克
花生米 80 克

輔料
生薑 10 克
料酒 1 湯匙
鹽 2 茶匙

烹飪秘笈
花生米在烹飪過程中會吸水膨脹，可以根據自己喜歡的湯汁濃度，調整清水的比例。

特色
豬蹄富含膠原蛋白，對皮膚很有好處，在經過 2 小時的蒸煮後，肉質更為軟爛，入口即化。而花生米浸透了豬蹄的濃郁湯汁，更加香甜可口。

做法
1. 豬蹄洗淨後切塊，生薑切片。
2. 在湯碗中放入豬蹄、花生米，加入料酒、鹽、薑片。
3. 倒入 1000 毫升清水在湯碗內。
4. 蒸鍋倒入清水，放入湯碗，隔水大火蒸開，轉小火，蒸 120 分鐘即可。

主料

豬心 1 個（約 200 克）
乾紅棗 5 顆
桂圓 5 顆

輔料

冰糖 10 克
生薑 10 克

烹飪秘笈

蒸煮過程中的蒸汽會流入碗中，蒸好後的豬心會有 1/3 左右的湯水，清甜可口，非常好喝。

特色

豬心肉質豐美，口感彈牙有嚼勁，且容易入味，搭配桂圓和紅棗，可吸收食材天然的甜味。蒸製過程中所產生的蒸汽滴落碗中，形成自然的原湯，香濃美味、非常有營養。

用香甜的湯汁來配米飯

桂圓紅棗蒸豬心

⏱ 60 分鐘　　簡單

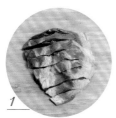   

1　　　2　　　3　　　4

做法

1. 豬心切開，浸泡 10 分鐘，洗淨血水，沿着中心切成發散狀的條狀。
2. 生薑洗淨、切大片，紅棗洗淨去核，桂圓剝殼。
3. 豬心墊入碗底，依次鋪上生薑、紅棗、桂圓，均勻撒上冰糖。
4. 蒸鍋內水燒開，放入菜碗，蓋上蓋子，大火蒸 30 分鐘至紅棗軟爛、冰糖溶化進糖水中即可。

冬日溫補氣血的佳肴

清蒸羊肉

⏱ 80 分鐘　　🔪 高級

特色

羊肉在經過花椒、八角的處理之後，去除了羶味，口感變得鮮嫩鹹香，軟爛入味，是冬季非常好的溫補食材。

 ### 營養貼士

羊肉補氣血，對於體虛的人群來說能起到強身健體的滋補作用；對於冬天怕冷、手腳冰冷的寒涼體質也有很好的調理效果。

主料

羊後腿肉 500 克

輔料

芫茜 1 棵	桂皮 5 克	八角 2 粒
大葱 1 段（約 20 克）	花椒 3 克	鹽 6 克
醬油 1 茶匙	老薑 20 克	料酒 1 茶匙
胡椒粉少許	大蒜 5 瓣	

烹飪秘笈

- 羊肉表層如果有一層薄膜，要撕掉，因為這層薄膜有羶味。
- 芫茜可以用葱花代替。

做法

1. 羊肉洗淨後切成小塊，焯水後洗淨，瀝乾水分備用。
2. 老薑切成大片；大葱切成長段的細絲狀；芫茜洗淨後切碎；大蒜拍碎、去皮，整瓣備用。
3. 取一個湯碗，底部鋪上一半的葱絲和薑片，放上羊肉、桂皮、八角、花椒。圖 1
4. 蒸鍋內水燒開，放入湯碗，大火蒸 20 分鐘。圖 2
5. 取出湯碗，除羊肉外，其他的配料棄用。圖 3
6. 在羊肉上淋上醬油、料酒，撒上鹽，攪拌均勻，上層鋪上剩餘的一半薑片、葱絲，以及大蒜。圖 4
7. 蒸鍋內水燒開，放上湯碗，中火蒸 30 分鐘至羊肉軟爛入味。圖 5
8. 蒸好的羊肉撒上胡椒粉和芫茜碎調味即可。圖 6

晶瑩剔透、鮮嫩可口

白玉蘿蔔牛肉盅

40 分鐘　　高級

特色

這是一道利用食材本身作為容器，非常富有大自然野趣的菜式，用來招待客人也是非常有面兒的。清甜爽口的蘿蔔中填入了香濃的牛肉，再澆上鮮美濃稠的湯汁，口味真是一級棒。

營養貼士

牛肉的蛋白質含量高於普通肉類，而且脂肪含量低，經常食用可強身健體。白蘿蔔富含多種維他命，能增強身體免疫力。

主料

牛裏脊肉 200 克
白蘿蔔 500 克

輔料

火腿腸 30 克	澱粉 1 茶匙
料酒 1 茶匙	生抽 1 茶匙
薑末少許	鹽 1/2 茶匙
白胡椒粉 1/2 茶匙	葱花少許

烹飪秘笈

- 塑形狀的模具在網上可以購買，對於做蒸菜來説，這是常用的工具。準備兩個大小差別較大的模具，以免白蘿蔔筒太薄。
- 加入火腿腸丁是為了視覺上的搭配，因此只需少量、切小丁即可。

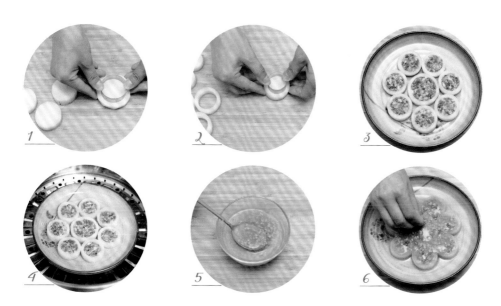

做法

1. 牛肉剁成肉糜，加入鹽、生抽、料酒、薑末攪拌均勻，做成餡料。
2. 火腿腸切成小丁備用。
3. 白蘿蔔洗淨、去皮，切成圓段，用大號模具取出整齊圓筒形。圖 1
4. 再用小號模具取出白蘿蔔心。圖 2
5. 把做好的肉餡填滿到蘿蔔筒裏，放入碟中。圖 3
6. 蒸鍋內水燒開，大火將蘿蔔筒蒸 10 分鐘，取出。圖 4
7. 澱粉和清水以 1：2 的比例倒入鍋中，攪拌均勻，撒入白胡椒粉、火腿丁，大火燒開，形成濃稠的湯汁。圖 5
8. 將澱粉湯汁均勻淋在蘿蔔牛肉盅上，撒上葱花即可。圖 6

辛香濃郁的開胃菜
咖喱牛腩煲

🕐 120 分鐘　　🏠 高級

主料

牛腩 250 克
洋蔥 80 克
咖喱塊 20 克
馬鈴薯 100 克
紅蘿蔔 1 根（約 100 克）

輔料

生薑 10 克　　鹽 1 茶匙

烹飪秘笈

- 咖喱塊的辣味分為不同程度，可根據個人喜好選擇。
- 牛腩越爛越入味，但是可以根據自己喜歡的口感程度調整蒸製的時間。
- 如果牛腩已經蒸到想要的程度，可是鍋裏的咖喱湯還比較多、不夠濃，可以打開鍋蓋，開大火蒸幾分鐘，幫助水分快速蒸發。

特色

咖喱的種類豐富，可以根據自己的口味選擇辣或者不太辣的。牛腩的營養豐富，蒸煮之後軟爛入味，肥瘦相間使得味覺層次豐富。馬鈴薯吸收了香濃的湯汁，香甜飽腹，配上米飯，簡直是不可抗拒的美味。

做法

1. 牛腩切成小方塊，放入開水中焯熟，過冷水洗淨，瀝乾備用。
2. 洋蔥洗淨，豎刀切片；馬鈴薯、紅蘿蔔洗淨，切小塊。
3. 將除了咖喱塊之外的所有材料放入碗中混合均勻，加入清水 1000 毫升。
4. 蒸鍋內倒入清水，菜碗隔水大火燒開，中途加入咖喱塊攪拌，讓其均勻溶化在湯汁中。
5. 轉中小火，蒸煮 90 分鐘左右至湯汁明顯濃稠、牛腩軟爛入味即可。

主料

牛裏脊肉 200 克
紅黃綠彩椒各 1 個

輔料

蒜蓉 1 茶匙　　　生抽 1 茶匙
薑末 1 茶匙　　　鹽 3 克
黑胡椒粉少許　　葱花少許
植物油 1 茶匙

烹飪秘笈

- 應選擇個頭較大，大小勻稱的彩椒。
- 牛肉也可以替換成其他肉類，比如豬肉。

特色

彩椒不但顏色鮮亮好看，而且富含維他命等多種營養。牛裏脊肉熱量低，含有豐富的蛋白質。兩種食材搭配，不但營養豐富全面，而且美觀好看，非常適合擺盤造型。

五顏六色、活力十足

彩椒牛肉盒

🕐 40 分鐘　　🔺 中等

1　　　2　　　3　　　4

做法

1. 彩椒洗淨後對半剖開，去蒂，挖去中間的籽。
2. 牛肉剁成肉糜，拌入蒜蓉、薑末、生抽、鹽、植物油、黑胡椒粉、葱花，順時針用力攪拌上勁，製成肉餡。
3. 將肉餡填滿彩椒內部，放入盤中。
4. 蒸鍋內水燒開，放入菜盤，大火蒸 15 分鐘即可。

口感豐富、清爽彈牙

五彩雜蔬
牛肉丸

🕐 50 分鐘　　🍴 中等

特色

配菜的顏色豐富多彩、口感也清甜爽口，搭配彈牙有嚼勁的牛肉丸，無論從視覺還是營養上，都是完美的組合，只需加上少許基礎調味品，就是一道好菜。

主料

免治牛肉 200 克
雞蛋 1 個
粟米粒、紅蘿蔔、青豆各 30 克

輔料

鹽 1 茶匙　　黑胡椒粉 1/2 茶匙

烹飪秘笈

- 可以用其他肉類代替牛肉，比如豬肉、魚肉等，舉一反三，做成其他菜式。
- 可以挑選自己喜愛的蔬菜進行替換，顏色五彩美觀即可。

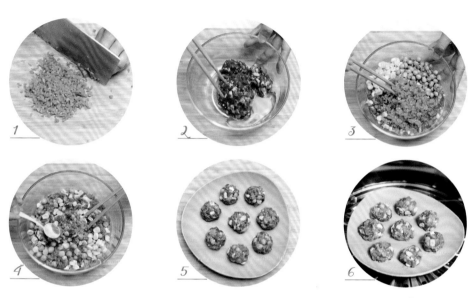

做法

1. 紅蘿蔔洗淨切碎。
2. 雞蛋打散，混合免治牛肉攪拌均勻。
3. 加入紅蘿蔔碎、粟米粒、青豆拌勻。
4. 加入鹽、黑胡椒粉，攪拌均勻。
5. 將拌好的餡捏成大小均勻的丸子，擺入碟中。
6. 大火蒸 20 分鐘即可。

 營養貼士

牛肉是低脂肪高蛋白的肉類，不但能強身健體，而且口味香濃。粟米清甜芳香，口感脆嫩，含有豐富的維他命和微量元素，又極易被人體吸收，是非常優質的粗糧。

香麻軟爛有嚼勁
五香牛蹄筋

🕐 90 分鐘　　🏠 中等

主料

牛蹄筋 200 克

輔料

五香粉 10 克
花椒 2 克
鹽 3 克
生抽 1 茶匙
辣椒粉 1 茶匙
蒜蓉 1 茶匙
薑末 1 茶匙
葱花少許

烹飪秘笈

可以購買市售洗淨、剝好的成品牛蹄筋。

特色

牛蹄筋含有豐富的膠原蛋白且不含膽固醇。牛蹄筋本身極具韌性，要經過蒸煮等加工後，方變得軟爛可口，嫩滑不膩。

1　　2　　3　　4

做法

1. 牛蹄筋洗淨，切段。
2. 將備好的牛蹄筋拌入輔料（除葱花外），攪拌均勻，醃製 20 分鐘。
3. 蒸鍋內水燒開，放入菜盤，蓋上鍋蓋，轉中火蒸製 60 分鐘，至牛蹄筋軟爛入味。
4. 撒上葱花即可。

主料

肥牛卷 100 克
金針菇 200 克

輔料

黑胡椒粉 1 茶匙
鹽 1 茶匙
生抽 1 茶匙　　葱花少許

烹飪秘笈

用肥牛卷裹金針菇的時候，需
注意力道，力道太大容易破裂，
而力道太小則會鬆散。可以用
一根牙籤插進牛肉卷中間進行
固定。

特色

肥牛口感細嫩、鮮美多汁，包
裹着柔韌爽滑的金針菇，一口
下去，清甜的湯汁在嘴裏蔓延
開來，讓你吃得停不下來。

爽滑鮮美的牛肉卷

金針菇肥牛卷

🕐 50 分鐘　　◆ 中等

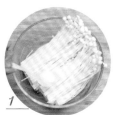  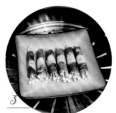 

1　　2　　3　　4

做法

1. 金針菇洗淨，切除根部，瀝乾水分，加入一半的鹽醃 10 分鐘。圖 1
2. 肥牛卷加入黑胡椒粉、一半的鹽醃製 10 分鐘。圖 2
3. 金針菇擠乾水分，裹入肥牛卷中，捲緊，整齊擺入餐盤中。圖 3
4. 蒸鍋內水燒開，放入餐盤，大火蒸 15 分鐘至金針菇與肥牛的湯汁融合。
5. 在蒸好的金針菇肥牛卷上淋上生抽、撒上葱花裝飾即可。圖 4

濃郁香甜的佳肴

白蘿蔔蒸牛腩

⏱ 150 分鐘　　🥩 中等

特色

白蘿蔔清甜脆爽，牛腩則肥瘦相間、香濃有嚼勁。經過長時間蒸製後，牛腩軟爛香濃，白蘿蔔浸透湯汁，更加入味，蔬菜的清甜和肉類的醇香結合得恰到好處。

 營養貼士

白蘿蔔有止咳、消炎、化痰的功效，有「小人參」之稱，是冬季裏不可缺少的一款養生蔬菜，和營養豐富、嫩滑多汁的牛腩一起蒸製，非常滋補。

主料

牛腩 250 克
白蘿蔔 1 個（約 500 克）

輔料

生薑 20 克　　　　鹽 8 克
生抽 1 茶匙　　　　料酒 1 茶匙
胡椒粉少許　　　　葱花少許

烹飪秘笈

- 牛腩蒸 90 分鐘，會獲得比較軟爛的口感，如果喜歡有韌勁一些的，可以適當縮短蒸製時間，但要保證牛腩能用筷子扎進去，這才算熟了。
- 做法中加入了 1000 毫升清水，也可根據自己喜歡的湯汁濃度進行增減。

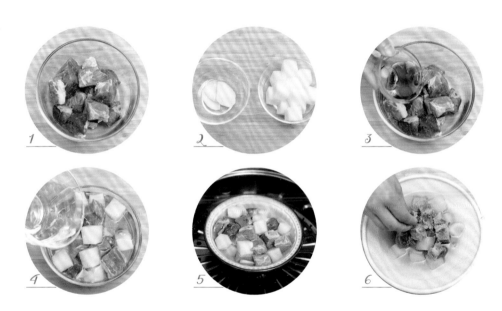

做法

1. 牛腩洗淨，切小方塊，用清水浸泡 10 分鐘，泡出血水後洗淨備用。
2. 白蘿蔔洗淨後切成小方塊，生薑切成大片。
3. 牛腩用生抽、料酒醃製 20 分鐘。
4. 醃製好的牛腩和白蘿蔔混合，倒入 1000 毫升清水，撒上鹽，放入薑片，攪拌均勻。
5. 蒸鍋倒入清水，放入菜碗，隔水蒸至水開，轉中小火蒸 90 分鐘至牛腩軟爛、蘿蔔香甜入味。
6. 在蒸好的牛腩上撒上胡椒粉和葱花即可。

鮮香潤滑的傳統杭幫菜

西湖牛肉羹

🕐 50 分鐘　🏠 高級

特色

口感鮮美細滑、湯汁香濃潤喉。翠綠的葱花和絲絲金黃的蛋花點綴於湯羹中，若隱若現，非常好看，這也是江浙一帶的傳統名菜。

主料

牛裏脊肉 100 克　　鮮冬菇 3 朵
雞蛋白 1 個

輔料

料酒 1 茶匙　　薑末 1 茶匙
鹽 1 茶匙　　澱粉 1 茶匙
胡椒粉少許　　芫茜 1 棵

烹飪秘笈

- 牛肉和冬菇都要切得越細越好。
- 倒入蛋白的時候動作要迅速,攪拌要均勻,形成一絲絲的羹狀蛋花。

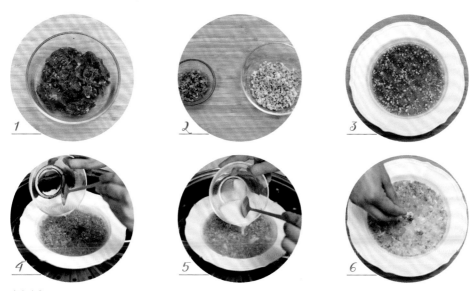

做法

1. 牛肉切成肉末,加入料酒醃製 10 分鐘,擠乾多餘的水分後備用。圖 1
2. 冬菇洗淨、去蒂、切碎;芫茜洗淨後切碎。圖 2
3. 澱粉加入少許水,攪拌均勻;雞蛋白攪拌打散。
4. 牛肉放入湯碗中,加入 500 毫升清水,放入薑末和冬菇碎,撒上鹽。圖 3
5. 蒸鍋內水燒開,放入湯碗,大火蒸 15 分鐘。
6. 打開鍋蓋,將打散的蛋白倒入湯碗內,攪拌均勻。圖 4
7. 拌好的水澱粉倒入湯碗,拌勻,略蒸片刻,關火。圖 5
8. 撒上胡椒粉和芫茜碎調味和裝飾即可。圖 6

 營養貼士

牛肉和雞蛋中均含有豐富的蛋白質,加上食材處理得細碎均勻,並加以胡椒粉調味,使得這道湯羹營養豐富、易於消化、很是暖胃。

清爽碧綠，健體開胃

翡翠牛肉卷

🕐 40 分鐘　🏠 中等

主料

絲瓜 1 條（約 500 克）
牛裏脊肉 150 克
雞蛋 1 個

輔料

料酒 1 茶匙
鹽 3 克
生抽 1 茶匙
胡椒粉少許

烹飪秘笈

- 儘量選擇長條、頭尾粗細較為勻稱的絲瓜，方便切成筒狀，大小適宜美觀。
- 也可以用豬肉代替牛肉，舉一反三，做成其他菜式。

特色

夏季總是讓人食欲不振，如果不好好吃飯，體質也會變差；而牛肉富含蛋白質，是補充體力、增強體質的好選擇。絲瓜在夏季最為豐美，肉質醇厚細膩，清爽鮮甜。這兩種食材的搭配，不但清爽好看，而且對於健康也大有好處。

做法

1. 絲瓜削去硬皮，洗淨後切成 5 厘米高的小段，掏空中心，形成空心圓柱體。
2. 牛裏脊肉剁成肉糜，加入雞蛋攪拌均勻。
3. 在肉糜中加入料酒、鹽、生抽、胡椒粉，順時針用力攪拌上勁，製成肉餡。
4. 將製好的肉餡填入絲瓜筒中，整齊擺入盤中。
5. 蒸鍋內水燒開，放入菜盤，蓋好鍋蓋，大火蒸 15 分鐘左右，至絲瓜熟透、牛肉湯汁溢出即可。

Chapter 3

水產、蛋類

秋風起、蟹腳癢

清蒸大閘蟹

🕐 40 分鐘　🔺 簡單

特色

每年 10 月左右，秋風徐徐、菊花清香，
酌以黃酒，清蒸一屜膏脂豐美的大閘蟹，
實在是最好的口福。大閘蟹一定要選鮮活
的，死掉的不論在營養、口感上都大打
折扣。螃蟹雖美味，但性寒，需要配薑驅
寒，而孕婦及體虛、體寒者不宜食用。

主料

大閘蟹 4 隻

輔料

細香蔥 1 小把（約 20 克）
老薑 1 塊（約 50 克）
香醋適量

烹飪秘笈

- 大閘蟹性寒，不宜過量食用，而生薑能幫助驅寒，一定要搭配起來吃。
- 蒸螃蟹的時間不要過久，蒸過頭肉就老了。

做法

1. 購買鮮活的大閘蟹。
2. 不要解開綁好的繩子，直接用刷子將螃蟹洗刷乾淨，螃蟹肚子上的一塊可以揭開的三角形殼也要打開刷乾淨，這是比較容易藏泥沙的部位。
3. 細香蔥洗乾淨，整根繞一圈打成蔥結；老薑削皮，取一半切大片，一半切成薑蓉。
4. 蒸鍋內水燒開，將洗刷好的螃蟹放進蒸鍋，放上蔥結和薑片，大火蒸 10~15 分鐘。
5. 將香醋和薑蓉拌勻，調成醬汁，吃螃蟹的時候蘸着吃即可。

 營養貼士

大閘蟹膏肥味美，熱量較低。其富含蛋白質和多種微量元素。不過蟹黃中的膽固醇含量較高，一天食用不宜超過 3 隻。

造型可愛、蒜香濃郁

蒜蓉扇貝

🕐 40 分鐘　🥘 高級

特色

扇貝的造型可愛，肉質細嫩彈牙，易入
味，調味的大蒜炒香後香濃撲鼻，鋪在扇
貝上進行蒸製，使得蒜香味一層層浸透至
扇貝、粉絲當中，而粉絲完美地吸收了蒜
香和扇貝湯汁的鮮甜，細滑爽口。

主料

扇貝 10 隻
乾粉絲 80 克

輔料

料酒 1 茶匙　　　乾豆豉適量
大蒜 10 瓣　　　橄欖油 1 湯匙
鹽 1 茶匙　　　　蒸魚豉油 1 茶匙
胡椒粉少許　　　葱花適量

烹飪秘笈

購買扇貝的時候請商家幫忙開殼，處理乾淨。也可以在超市購買冰鮮扇貝。

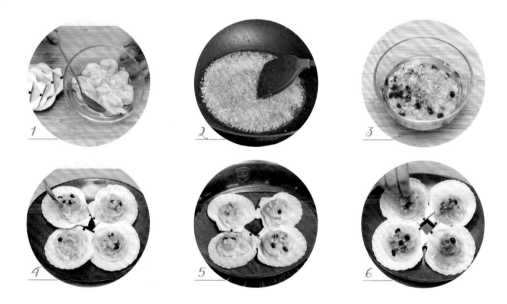

做法

1. 將扇貝肉從殼中取出，洗淨後用料酒醃製 10 分鐘；扇貝殼刷乾淨備用。圖 1
2. 粉絲用溫水浸泡半小時，瀝乾水分備用；大蒜切成蒜蓉。圖 2
3. 鍋內放入橄欖油燒熱，放入蒜蓉小火炒香，盛出。
4. 炒好的蒜蓉加入豆豉、蒸魚豉油、鹽、葱花攪拌均勻，製成蒜蓉汁。圖 3
5. 將泡好的粉絲分成 10 份，放入扇貝殼中，鋪上醃製好的扇貝肉。
6. 將蒜蓉汁均勻澆在每一個扇貝肉上，放入盤中擺好。圖 4
7. 蒸鍋內水燒開，放上菜盤，蓋上鍋蓋，大火蒸 10 分鐘。圖 5
8. 蒸好的扇貝撒上少許胡椒粉調味即可。圖 6

鮮美異常、芬芳滿溢

酒蒸蛤蜊

🕐 40分鐘（不含浸泡時間）　🔷 高級

特色

蛤蜊肉質彈牙、鮮美滑嫩，
配以酒蒸之後，香氣濃郁醉
人，更為鮮美可口。

 營養貼士

蛤蜊脂肪含量很低，但所含的
鈣質高於一般海鮮，並含有多
種易被人體吸收的微量元素。

主料

花蛤 700 克
清酒 50 毫升

輔料

大蒜 5 瓣
乾紅椒 2 隻
薑末 20 克
鹽 1/2 茶匙
植物油 1 湯匙
蔥花 20 克

烹飪秘笈

- 花蛤肉質肥厚，個頭比較大，如果買不到花蛤，可以用其他的蛤蜊代替。
- 購買花蛤的時候，選擇花蛤肉伸出貝殼外的、在吐水的最新鮮。
- 菜譜使用的是日本清酒，也可以用中國的米酒、花雕酒代替，如果是白酒，則把份量降低到 20 毫升即可。
- 蒸好後的花蛤，如果殼是關閉，沒有自動打開，就不要吃了，這表示花蛤不新鮮了。

做法

1. 花蛤用清水搓洗乾淨，浸泡在清水中，加入鹽、滴入 2 滴植物油、靜置 2 小時，讓花蛤吐沙。
2. 乾紅椒切成兩段，擠出辣椒籽；大蒜用刀背拍碎，去皮備用。
3. 鍋內加入植物油燒熱，將乾紅椒、大蒜碎和薑末爆香，盛出備用。
4. 浸泡好的花蛤，瀝乾水分，放入碗中，放上爆好的作料，倒入清酒。
5. 蒸鍋內大火燒開，放入菜碗，大火蒸 15 分鐘，至花蛤的殼全部受熱爆開。
6. 蒸好後的花蛤，撒上蔥花即可。

香味獨特的異域菜肴

九層塔蒸青口

🕐 20 分鐘　　⬡ 中等

特色

青口的肉質肥美、鮮嫩細滑。配以白酒
去腥提鮮，用九層塔出眾的香味進行調
味，口感清香、回味。

主料

青口貝 500 克
九層塔 1 小把（約 20 克）

輔料

蒜蓉 1 茶匙　　黑胡椒粉 1 茶匙
鹽 1/2 茶匙　　白酒 1 湯匙

烹飪秘笈

- 白酒是比較好購買的配料，如果有白蘭地則更佳。
- 冰鮮青口一般在超市冷凍區都有售賣。

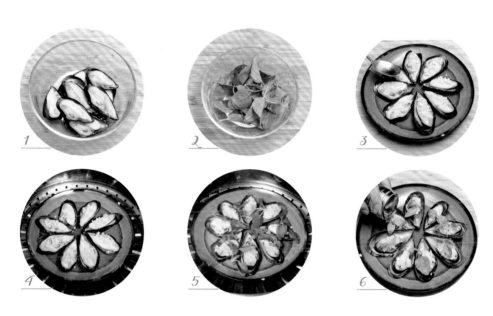

做法

1. 青口解凍後，用刷子將外殼洗刷乾淨，瀝乾水分備用。
2. 九層塔擇去粗梗，洗淨備用。
3. 將瀝乾水分的青口放入盤中，撒上蒜蓉、鹽，淋上白酒拌勻。
4. 蒸鍋內水燒開，放入菜盤，大火蒸 10 分鐘。
5. 打開鍋蓋，撒上九層塔，繼續大火蒸 2 分鐘。
6. 蒸好後的青口，撒上黑胡椒粉進行調味即可。

 營養貼士

青口富含蛋白質和人體所需的多種微量元素，是一種營養豐富、能增強體質的優質海鮮。

豪華的待客大餐

蒜蓉蒸龍蝦

🕐 60 分鐘　　高級

特色

造型華麗宏偉,適合待客。龍蝦肉質鮮嫩、緊實彈牙,在放入多種調料蒸製後,香味浸透至肉中,非常美味。

主料

中等大小的龍蝦 1 隻

輔料

植物油 1 湯匙　　　蒜蓉 50 克
鹽 1 茶匙　　　　　生抽 1 茶匙
澱粉 1 湯匙　　　　黑胡椒粉少許
葱花少許

烹飪秘笈

- 選擇個頭中等的龍蝦，2 斤左右的即可。
- 蝦鼇可以用來煮粥或者熬湯，不要浪費了。

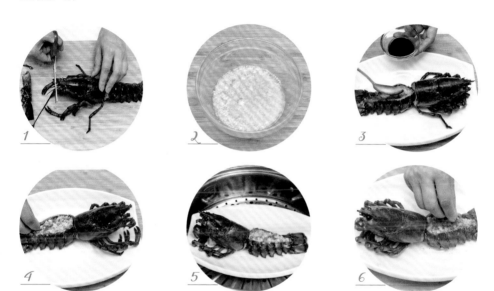

做法

1. 龍蝦對半剖開，去除蝦線和胃囊，剪去蝦鬚和蝦鼇。
2. 鍋內放入植物油燒熱，放入蒜蓉炒至金黃焦香，盛起備用。
3. 將生抽、鹽均勻地抹在龍蝦肉上。
4. 在龍蝦肉上均勻撒澱粉、鋪上蒜蓉，最上層撒葱花。
5. 蒸鍋內水燒開，放入菜盤，大火蒸 15~20 分鐘。
6. 在蒸好的龍蝦上撒黑胡椒粉即可。

 營養貼士

大龍蝦含有豐富的鈣質和蛋白質，且脂肪含量低，是很營養健康的食材。

高蛋白高鈣質的海鮮大餐

蒜蓉粉絲蒸蝦

🕐 50 分鐘　　🔺 中等

特色

富貴宏偉的造型，適合擺成花開的形狀，特別喜慶，招待客人很得體。蝦肉彈牙、粉絲浸透了湯汁的香濃和蒜蓉的辛辣，十分開胃。

主料

新鮮大蝦 500 克
乾粉絲 20 克

輔料

生抽 1 茶匙　　　　白胡椒粉 1 茶匙
植物油 1 湯匙　　　蒜蓉 20 克
蠔油 1 茶匙　　　　鹽 1/2 茶匙
葱花少許

烹飪秘笈

蝦尾用刀背拍一下，擺盤的時候更平穩、好看。

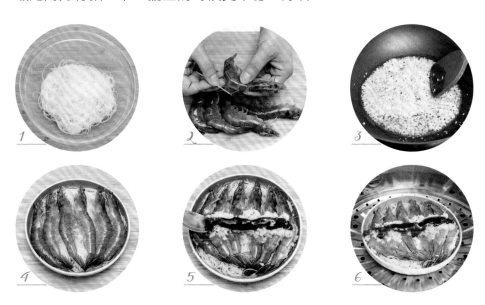

做法

1. 乾粉絲用溫水泡軟，加入生抽、白胡椒粉拌勻。
2. 新鮮大蝦開背，去掉蝦線，保留蝦頭和蝦尾。
3. 熱鍋放入少許植物油，加入蒜蓉、鹽爆香，盛出備用。
4. 將拌勻的粉絲均勻鋪在盤中，大蝦擺在粉絲上。
5. 爆香的蒜蓉淋在大蝦上，淋上蠔油。
6. 鍋內燒開水後，蝦上鍋大火蒸 10 分鐘，撒上葱花即可。

 營養貼士

蝦肉富含蛋白質和多種礦物質，營養極為豐富，而且脂肪含量低，不會給身體帶來額外的負擔。

清熱祛暑的家常海鮮

清蒸絲瓜蝦仁

⏱ 40 分鐘　　中等

特色

絲瓜是夏季的時令蔬菜之一，清甜細嫩，
搭配甜美彈牙的蝦仁，膳食結構更加合理，
也是孩子們很愛吃的家常海鮮的做法。

主料

絲瓜 1 條（約 300 克）
蝦仁 80 克

輔料

料酒 1 茶匙　　　薑末少許
鹽 1 茶匙　　　　蒜蓉少許
生抽 1 茶匙　　　黑胡椒粉少許

烹飪秘笈

- 購買絲瓜的時候，用手掂掂，同樣大小的絲瓜，份量越重，水分越足。
- 可以購買市售成品蝦仁，方便烹飪。

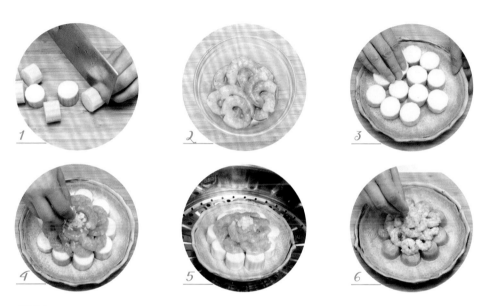

做法

1. 絲瓜削去硬皮，切成均勻的圓筒狀。
2. 蝦仁解凍後，放入料酒、薑末醃製 15 分鐘，瀝乾水分備用。
3. 絲瓜筒均勻抹上鹽，擺在盤中。
4. 絲瓜上擺蝦仁，撒上蒜蓉。
5. 蒸鍋內水燒開，擺上菜盤，大火蒸 15 分鐘。
6. 蒸好的蝦仁上淋生抽、撒上黑胡椒粉調味即可。

 營養貼士

絲瓜的膳食纖維含量豐富，能幫助腸胃增加動力，消暑開胃，促進消化。

用葉子捲着吃的海鮮

白玉鮮蝦卷

🕐 50 分鐘　　🧤 高級

特色

鮮嫩脆爽的白菜葉在蒸製後變得晶瑩剔透，蝦仁裹在菜葉中，若隱若現，隱隱透出新鮮粉嫩，湯汁鮮美欲滴，誘人食欲。

主料

新鮮大蝦 400 克
大白菜葉 5 片

輔料

料酒、生抽、鹽、澱粉、薑末、
黑胡椒粉各 1 茶匙
植物油 1 湯匙
葱花少許

烹飪秘笈

- 白菜葉在焯水的過程中，不要時間過長，感覺到葉子發軟即可，作用是讓葉子在捲蝦蓉的時候韌勁更好，不易折斷。

- 如果在裹蝦蓉的時候，葉子容易散開，也可以用牙籤插入中間固定，蒸好後取出即可。

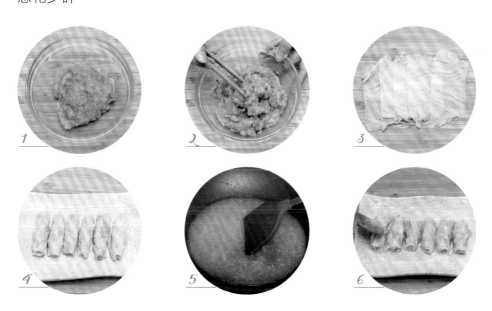

做法

1. 鮮蝦洗淨後去殼，去掉蝦線，將蝦仁剁成蝦蓉。

2. 蝦蓉加入生抽、料酒、一半黑胡椒粉和一半鹽，順時針用力攪拌上勁。

3. 大白菜去掉白菜梗，留下菜葉，放入開水中焯到稍微變軟，瀝乾水分，切成寬度為七八厘米的長條形。

4. 將攪拌好的蝦蓉捲進白菜裏裹好，整齊放入菜盤中。

5. 蒸鍋內水燒開，放入菜盤，大火蒸 10 分鐘。

6. 另取一口鍋，倒入植物油燒熱，放入薑末炒香，加入 100 毫升開水燒開，加入澱粉攪拌均勻，撒上剩餘鹽，形成黏稠的湯汁。

7. 在湯汁中撒入葱花和剩餘黑胡椒粉，澆至蒸好的蝦仁卷上即可。

絲絲不斷，彈牙爽滑

奶酪蝦丸

🕐 30 分鐘　　🍴 中等

特色

香濃黏稠的奶酪融化在嘴裏，配合鮮美彈牙的蝦仁，一口一個，滿嘴香甜滿足。

主料

大蝦 500 克
奶酪 50 克
生菜 1 棵
雞蛋 1 個

輔料

澱粉 1 湯匙
鹽 1 茶匙
料酒 1 茶匙
薑蓉 1 茶匙
黑胡椒粉少許

烹飪秘笈

- 奶酪可在超市購買，有方片狀的，也有切成絲狀的。
- 奶酪有含鹽和無鹽兩種，均可以使用。

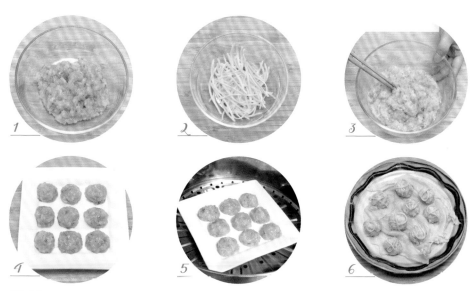

做法

1. 大蝦洗淨、去殼，去除蝦線，剁成蝦蓉。圖 1
2. 奶酪切成細條備用。圖 2
3. 蝦蓉內打入雞蛋、加入所有的輔料，順時針用力攪拌上勁。圖 3
4. 蝦蓉捏成均勻的丸子大小，整齊放入菜盤。圖 4
5. 蒸鍋內水燒開，放入菜盤，大火蒸 10 分鐘。圖 5
6. 取另一個盤子，鋪上洗好的生菜作為墊底。把蒸好的丸子挾出來放在生菜上。
7. 迅速將奶酪條撒在蝦丸上，讓奶酪趁熱融化即可。圖 6

 營養貼士

奶酪是濃縮的奶製品，因此營養價值也是普通牛奶的數倍，含有大量的蛋白質、鈣質、維他命等成分，不但營養豐富，而且香味濃郁，口感絲滑，讓人欲罷不能。

嫩滑多汁的豆製品大餐

蒸鮮蝦豆腐

🕐 50 分鐘　　🔺 中等

特色

經過蒸製，大蝦鮮美的湯汁完全浸入到底部的豆腐當中，豆腐細膩順滑，大蝦鮮甜美味，忍不住就想搭配米飯或者麵條，美美地吃上一頓。

主料

豆腐 500 克　　　新鮮大蝦 300 克

輔料

料酒 1 茶匙　　　鹽 1 茶匙
白胡椒粉少許　　老薑 3 片
生抽 1 茶匙　　　蔥花少許

烹飪秘笈

- 可以根據個人喜好選擇豆腐，老豆腐、嫩豆腐都可以。
- 喜歡吃辣的可以放上幾隻小辣椒，或在豆腐那一層撒一些辣椒粉。

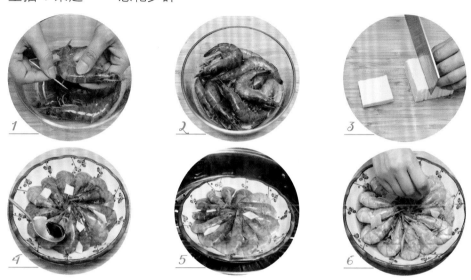

做法

1. 新鮮大蝦洗淨後剪掉蝦鬚，去掉蝦線。
2. 處理好的大蝦用料酒、鹽、白胡椒粉醃製 10 分鐘。
3. 豆腐瀝乾水分，切成稍厚的方片。
4. 將豆腐方片墊入碗內底部，上面放上醃製好的大蝦，淋生抽、放薑片。
5. 蒸鍋內倒入清水，放入菜盤，大火將水燒開後，轉中火蒸 30 分鐘。
6. 蒸好後的鮮蝦豆腐煲上撒蔥花裝飾即可。

 營養貼士

豆腐是最常見的豆製品，價格便宜且營養價值極高，含有大量微量元素和蛋白質；除此之外，豆腐含鈣量豐富，對牙齒、骨骼的生長發育都極為重要，加上其柔軟細嫩好吸收的特徵，非常適合老人和小孩食用。

柔滑鮮嫩的高蛋白布丁

蒸玉子豆腐蝦仁

🕐 40 分鐘　　高級

特色

玉子豆腐具有凝脂般潔白晶瑩的外形，爽滑鮮嫩如同布丁一般的口感和清香誘人的香氣。在柔滑的表面放上一隻蝦仁，營養更為豐富，且擺盤如同甜品般精巧。

主料

玉子豆腐 3 條　　蝦仁 150 克

輔料

白蘿蔔 50 克　　豌豆粒 10 克
料酒 1 茶匙　　　生抽 1 茶匙
薑末 1 茶匙　　　黑胡椒粉少許

烹飪秘笈

- 蝦仁可以保留蝦尾，作為造型的裝飾，如果是為了方便入口，則可以去掉蝦尾。
- 玉子豆腐非常細滑柔嫩，蝦仁也很容易蒸熟，所以不宜蒸製時間過長。

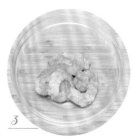

做法

1. 白蘿蔔切成圓形薄片狀，玉子豆腐切成高度一樣的圓筒狀。
2. 將白蘿蔔片墊在玉子豆腐底部，均勻擺在盤中。
3. 蝦仁加入料酒、薑末、生抽拌勻，醃製 15 分鐘。
4. 將醃製好的蝦仁一隻一隻擺放在每一塊玉子豆腐上，蝦仁中間擺上一顆豌豆粒裝飾。
5. 蒸鍋內水燒開，放入菜盤，大火蒸 8 分鐘。
6. 蒸好的蝦仁上撒少許黑胡椒粉調味即可。

 營養貼士

玉子豆腐不含豆類成分，是以雞蛋為主要原料製作加工而成；因此營養成分類似雞蛋，含有豐富的蛋白質和多種微量元素，營養非常豐富。

營養豐富、清甜肥美

清蒸鱸魚

 40 分鐘　中等

特色

鱸魚的魚肉細嫩、潔白，易消化，刺少。清蒸的方式最能鎖住魚肉的營養，並且能保留魚肉原本的清甜鮮美。

主料

鱸魚 1 條（約 700 克）

輔料

生抽 1 湯匙　　　生薑 20 克
細香蔥 20 克　　　植物油 20 克

烹飪秘笈

- 油一定要加熱至冒煙的滾燙狀態，趁熱澆在魚上，聽到「刺啦」一聲，香味就出來了。
- 如果是小一點的鱸魚，蒸 15 分鐘即可。

做法

1. 鱸魚洗淨後，在兩面的魚身上各劃上兩道刀口。圖 1
2. 生薑一半切大片，一半切薑絲。細香蔥的蔥白切小段，蔥綠部分切成蔥花。圖 2
3. 鱸魚擺入盤底、在魚肚和盤底上均勻鋪上蔥白和薑片。圖 3
4. 蒸鍋內水燒開，將菜盤擺入鍋內，蓋上鍋蓋，大火蒸 20 分鐘。圖 4
5. 將盤中的蔥段、薑片、湯汁棄用，撒上蔥花和薑絲。圖 5
6. 生抽和涼白開水按照 1：1 的比例兌好，均勻淋在魚上。
7. 鍋內倒入植物油，加熱至冒煙的滾燙狀態，趁熱澆在魚上即可。圖 6

營養貼士

鱸魚富含蛋白質和多種微量元素，口感清甜、鮮美，刺少，非常適合老人、小孩食用，可增強體質和免疫力。

來自深海的饋贈

蠔汁多寶魚

🕐 30 分鐘　🍴 中等

特色

多寶魚很適合清蒸的烹飪
方式，湯汁甜美、肉質潔
白細嫩，整條魚的擺盤造
型也非常宏偉美觀。

主料

多寶魚 1 條（約600克）

輔料

蠔油 1 湯匙
生抽 1 茶匙
生薑 20 克
大葱 20 克
植物油 20 克

烹飪秘笈

- 多寶魚一般以冰鮮的方式售賣，魚眼清亮、魚鰓為正常鮮紅色的，就是新鮮的。
- 購買多寶魚的時候讓店家加工好，比如去鰓、去內臟等。
- 蠔油和生抽含鹽分，所以蒸魚的過程中不用再加鹽。
- 棄用蒸好的魚肉湯汁這一步很重要，否則湯汁中會帶有一些魚腥味。

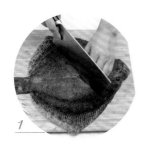

_1_

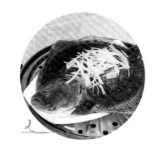

_2_

_3_

做法

1. 多寶魚洗淨後，在兩面的魚身上各劃上兩道刀口。生薑一半切大片，一半切細絲。大葱切成長條細絲。圖 1
2. 將多寶魚擺在盤中，在盤底、魚肚上均勻鋪上薑片和一半份量的細葱絲。圖 2
3. 蒸鍋內水燒開，將菜盤擺入鍋內，蓋上鍋蓋，大火蒸 15~20 分鐘。
4. 將盤中的葱絲、薑片、湯汁棄用，撒上剩餘的細葱絲和薑絲。
5. 蠔油、生抽和涼白開水按照 1：1 的比例調好，淋在魚上。圖 3
6. 鍋內倒入植物油，加熱至冒煙的滾燙狀態，趁熱澆在魚上即可。

 營養貼士

多寶魚屬深海魚類，皮下組織中含有豐富的膠質蛋白。這種魚類的膠質，不但美容養顏、滋補健身，而且口感鮮美嫩滑。多寶魚還含有大量的蛋白質和微量元素，營養價值非常高。

水產、蛋類

蠔汁多寶魚

低脂高蛋白的健身餐
檸檬鱈魚柳

🕐 30 分鐘　　🏠 簡單

主料
鱈魚柳 200 克
檸檬半個

輔料
薑絲 15 克
蔥絲 15 克
生抽 1 湯匙
料酒 1 湯匙
黑胡椒粉 1 茶匙

烹飪秘笈
檸檬汁可以根據個人口味適量
增減用量。

特色
鱈魚是深海魚類，蛋白質含量
高，而脂肪的含量卻非常低，
幾乎可以忽略。鱈魚口感鮮美，
肉質豐厚，幾乎沒有魚刺，所
以也非常適合小朋友的口味。

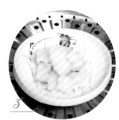

做法

1. 鱈魚柳解凍，切成大方塊，加入料酒和 1/2 茶匙黑胡椒粉醃製 10 分鐘。
2. 盤中墊入薑絲、蔥絲，將醃製好的鱈魚鋪在上面。
3. 蒸鍋內水燒開，放入菜盤，大火蒸 15 分鐘。
4. 蒸好的鱈魚，擠上檸檬汁，淋上生抽，撒上剩餘黑胡椒粉調味即可。

主料

鱈魚柳 200 克
芒果肉 100 克
椰漿 100 克

輔料

鹽 3 克
胡椒粉 1 茶匙

烹飪秘笈

椰漿可以選用市售罐頭裝泰國品
牌的，也可以用普通椰汁代替，
但是普通椰汁口感淡一些。

特色

香濃的椰漿配上香甜厚實的芒果
肉，如同甜品一樣的口感，不僅
營養豐富，還可以讓小朋友們愛
上吃鱈魚，更好地補充蛋白質。

像吃甜品一樣

椰漿芒果蒸鱈魚

50 分鐘　　中等

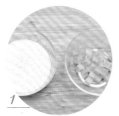   

1　2　3　4

做法

1. 芒果內 50 克，加入椰漿，用料理機打成汁，剩餘的芒果切成小丁。
2. 鱈魚柳切成大塊，加入鹽、胡椒粉拌勻，加入一半芒果椰漿汁，醃製 15 分鐘。
3. 蒸鍋內水燒開，放入菜盤，大火蒸 15 分鐘。
4. 蒸好的鱈魚淋上剩餘的芒果椰漿汁，擺上芒果肉丁作為裝飾即可。

少刺多肉，鮮美肥嫩

蔥香帶魚

🕐 50分鐘　🏠 中等

特色

帶魚除了一根主刺外，很少有刺，吃起來很方便。帶魚肉質肥美鮮嫩，用料酒和生薑去除其本身的腥氣，只剩鮮香。

主料

帶魚 700 克

輔料

細香葱 50 克　　老薑 3 片
生抽 1 湯匙　　料酒 1 茶匙
鹽 1 茶匙

烹飪秘笈

帶魚的醃製時間不宜過長，否則肉會散掉。

做法

1. 帶魚洗淨後切成大段。
2. 帶魚用料酒、生抽、鹽拌勻後，醃製 20 分鐘。
3. 細香葱洗淨，大部分切成長段，小部分切成葱花。
4. 醃製好的帶魚瀝去多餘的水分，放入盤中，放入薑片、葱段。
5. 蒸鍋內水燒開，放入菜盤，大火蒸 15 分鐘。
6. 蒸好後的帶魚撒上葱花即可。

 營養貼士

帶魚是深海魚類，富含蛋白質和多種礦物質，並且含有獨特的不飽和脂肪酸，能有效降低膽固醇，老人多吃帶魚可補腦補鈣，對健康很有幫助。

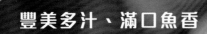

豐美多汁、滿口魚香

魚麻油麵筋

 40 分鐘　　高級

主料

魚肉 200 克　　油麵筋 10 個
新鮮冬菇 5 朵

輔料

鹽 1 茶匙　　　　料酒 1 茶匙
薑蓉 1 茶匙　　　黑胡椒粉 1/2 茶匙
雞精少許　　　　澱粉 1 茶匙
生抽 1 茶匙　　　蔥花少許

烹飪秘笈

· 可在超市購買整包成品油麵
　筋。

· 魚肉可以用豬肉、牛肉等其
　他肉類代替，舉一反三，做
　成其他菜肴。

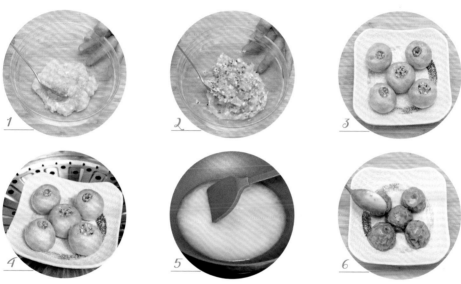

做法

1. 魚肉剁成肉糜、加入鹽、料酒、薑蓉、黑胡椒粉、雞精攪拌均勻。
2. 冬菇洗淨去蒂，剁成碎末，加入到魚肉餡中攪拌均勻。
3. 油麵筋用筷子戳開 1 個口，將魚肉餡填進去，整齊擺放在盤中。
4. 蒸鍋內水燒開，放入菜盤，大火蒸 15 分鐘。
5. 另取一口鍋，倒入少許開水，加入澱粉攪拌均勻。
6. 在水澱粉中加入生抽、蔥花，調成湯汁，澆在蒸好的油麵筋上即可。

 營養貼士

油麵筋含有豐富的植物蛋白質，魚肉中也含有大量的蛋白質，兩種
蛋白質完美結合，可增強體質、提高免疫力。

鮮嫩爽口，清爽好看

黑胡椒魚香塔

🕐 50 分鐘　　● 高級

特色

潔白鮮嫩的魚肉，搭配翠綠爽口的西蘭花，利用模具做出整齊鮮明的擺盤造型，不但營養健康，而且清爽好看。

 營養貼士

西蘭花的口感脆嫩、富含多種維他命和膳食纖維，不但爽口好吃，又低卡飽腹，適合健身減脂、對健康養生有高要求的人群。

主料

草魚 1 條　　西蘭花半朵

輔料

鹽 1 茶匙　　　黑胡椒粉 1 茶匙
葱花少許　　　生抽 1 茶匙
澱粉適量　　　雞精少許

烹飪秘笈

- 購買草魚時，可以請商家幫忙處理魚肉。
- 也可以購買市售的成品魚肉，或用其他魚類代替。
- 喜歡吃辣的可以在魚肉中拌入辣椒粉。

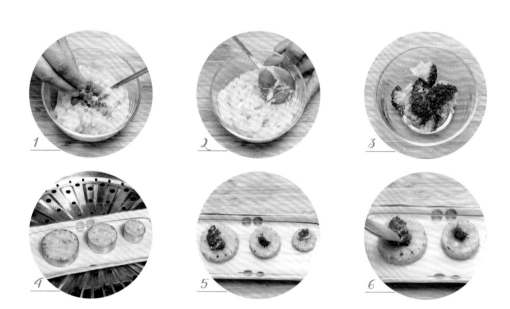

做法

1. 草魚洗淨，去皮、去骨刺，將魚肉剁成細細的魚蓉。
2. 魚蓉中加入鹽、黑胡椒粉、葱花，攪拌均勻。圖 1
3. 加入適量澱粉，攪拌上勁，形成有黏性的、可以用手捏成形的黑椒魚蓉。圖 2
4. 西蘭花洗淨，掰成小朵，放入開水中焯熟，瀝乾水分備用。圖 3
5. 取圓柱形模具，將黑椒魚蓉填滿後，扣在一個大盤中，整齊擺好。圖 4
6. 蒸鍋內水燒開，將菜盤放入，大火蒸 20 分鐘，取出。
7. 將西蘭花擺在魚肉塔上進行裝飾。圖 5
8. 另取一口鍋，加入少許開水，加入少許澱粉、雞精攪拌均勻，加入生抽，製成濃稠的湯汁，澆在魚肉塔上即可。圖 6

餐盤中的水墨畫

太極海鮮蒸

🕐 60 分鐘　📑 高級

特色
墨魚肉彈牙，龍脷魚細
嫩肥美，口感對比強
烈。

主料

墨魚 150 克	龍脷魚 150 克
雞蛋 2 個	

輔料

鹽 1 茶匙	黑胡椒粉 1 茶匙
薑蓉 1 茶匙	澱粉 1 茶匙
料酒 2 茶匙	生抽 1 茶匙
枸杞子 2 顆	植物油少許

烹飪秘笈

- 選擇薄一點的 S 型的不銹鋼模具,以免蒸好後取出造成比較大的空隙。
- 可以用其他白色魚類代替龍脷魚,比如草魚、鱸魚等。

 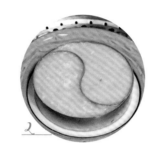 

1   2   3

做法

1. 墨魚、龍脷魚分別剁成肉糜,分開裝成兩份。
2. 每一份魚肉分別加入一半的鹽、植物油、黑胡椒粉、薑蓉、澱粉、料酒攪拌均勻。
3. 雞蛋打散,按照 1：1 的比例,在蛋液中加入清水,分成兩份,加入兩種魚肉餡中,攪拌均勻。圖 1
4. 取一個盤子,一個 S 型的分隔模具,將兩種魚肉餡分別填進去。圖 2
5. 蒸鍋內水燒開,放入菜盤,大火蒸 20 分鐘。
6. 取出蒸好的魚肉,拿出分隔模具後,淋上生抽,在兩邊魚肉的中心處各擺上一顆枸杞子作為點綴即可。圖 3

 營養貼士

墨魚滋陰養胃,肉質鮮香有彈性;龍脷魚肉質肥美,含有豐富的 ω-3 不飽和脂肪酸,可抑制眼睛裏的自由基,對於長期使用電腦的上班族和學生來説,是特別好的護眼食品。

水產、蛋類 太極海鮮蒸

豉香四溢、香辣可口

香辣豆豉鯿魚

🕐 50 分鐘　　　中等

特色

豆豉是香味非常
濃郁的調味品，
加上乾紅椒蒸製，
使得鮮嫩的魚肉
特別入味。

主料

鯿魚 1 條（約 700 克）

輔料

鹽 1 茶匙	料酒 1 茶匙
豆豉 1 湯匙	乾紅椒 4 隻
細香葱 3 根	生薑 20 克
蒸魚豉油 1 湯匙	植物油 1 湯匙

烹飪秘笈

- 鯿魚是淡水魚類，肉質鮮美肥嫩，購買時選擇 2 斤以內的重量比較合適。
- 乾紅椒也可以用剁椒代替，辣味更為香濃。

做法

1. 鯿魚洗淨，兩面的魚背上用刀劃上刀口，用鹽和料酒醃製 15 分鐘。圖 1
2. 細香葱洗淨，切成長段；生薑洗淨，切細絲；乾紅椒切成小段。圖 2
3. 將豆豉、乾紅椒和一半葱段、薑絲均勻鋪在魚肚和魚背上，剩下的配料備用。圖 3
4. 蒸鍋內水燒開，放入菜盤，大火蒸 15~20 分鐘。
5. 蒸好後的魚倒掉盤中的汁水，將葱段、薑絲棄用。圖 4
6. 將剩餘的薑絲、葱段放在蒸好的魚上，淋上蒸魚豉油。圖 5
7. 熱鍋中倒入植物油，加熱至冒煙，趁熱澆到魚上即可。圖 6

 營養貼士

鯿魚又名「武昌魚」，肉質細嫩，含有豐富的微量元素和維他命，高蛋白低膽固醇，又易於吸收，適合老人和孩子食用，能增強體質。

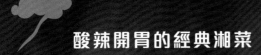

酸辣開胃的經典湘菜

剁椒蒸魚頭

🕐 60 分鐘　🍲 高級

特色

菜肴擺盤宏偉、顏色鮮亮、香氣濃郁。剁椒魚頭多採用鱅魚魚頭，剁椒的酸辣經過蒸製之後，完美融合到鮮嫩的魚頭中，開胃過癮。吃完魚頭後的魚湯也別浪費，下入麵條飽腹，更是完美。

主料

鱅魚魚頭 1 個（700 克左右）

剁椒 100 克（帶湯水）

輔料

鹽 1 茶匙	料酒 1 湯匙
白酒 1 湯匙	黑胡椒粉 1 茶匙
大蒜 5 瓣	蔥段 20 克
薑絲 20 克	蒸魚豉油 1 茶匙
蔥花少許	植物油 1 湯匙

烹飪秘笈

- 要購買鱅魚魚頭，普通的魚頭太小，肉少，不適合做這道菜。
- 剁椒內含有鹽分，因此魚頭醃製好後，不需要在烹飪過程中再放鹽。
- 最後加熱的植物油一定要燒至冒煙，澆到魚頭上才香。
- 吃完後的魚頭湯汁，味道酸辣濃郁，用來拌麵非常好吃。

做法

1. 鱅魚魚頭對半切開，洗淨，用鹽、料酒、黑胡椒粉醃製 20 分鐘。圖 1
2. 剁椒中加入白酒攪拌均勻；大蒜用刀背拍碎、去皮備用。
3. 取一隻大碟，墊入蔥段、大蒜、薑絲，放上醃製好的魚頭，最上層均勻放上剁椒。圖 2
4. 蒸鍋內水燒開，把碟放入，大火蒸 20 分鐘。
5. 蒸好的魚頭淋上蒸魚豉油，撒上蔥花。
6. 另取一個鍋燒熱，倒入植物油，燒至冒煙，趁熱澆到魚頭上即可。圖 3

 營養貼士

魚頭的營養豐富，肉質鮮嫩，魚鰓下透明的膠狀物質不但鮮美細滑，而且含有豐富的膠原蛋白，能有效延緩衰老。尤其對用腦人群來說，是很好的保健食材。

農家特色的開胃下飯菜

香辣河魚乾

 30 分鐘　中等

主料

河魚乾 150 克

輔料

乾紅椒 3 隻	大蒜 2 瓣
蔥段 20 克	料酒 1 茶匙
生薑 20 克	鹽適量

烹飪秘笈

河魚乾有些是有鹽分的，在烹飪過程中則
不必再加鹽；如果是不含鹽分的，則根據
實際情況，適量加鹽。

特色

新鮮的河魚經過加工製成便於保存的魚
乾，非常具有農家特色。河魚乾的肉質緊
實，有嚼勁，屬臘味，因此多採用辛辣的
方式再加工，是比較重口味的下飯菜。

做法

1. 河魚乾洗淨切段（如果是一條條的小
   河魚，則保留完整的小魚即可）。
2. 乾紅椒切小段；生薑切成薑絲；大蒜
   用刀背拍碎，去皮。
3. 將河魚乾放入碗底，倒入料酒和鹽，
   加入乾紅椒、蔥段、大蒜和薑絲。
4. 蒸鍋內水燒開，放入菜碗，中火蒸 20
   分鐘左右即可。

金黃可愛的小太陽

冬菇鵪鶉蛋

🕐 40 分鐘　🏠 中等

特色
香醇的鵪鶉蛋和嫩滑的冬菇結合，造型可愛，一口一個，非常受小朋友的歡迎哦！

主料

新鮮冬菇 10 朵
鵪鶉蛋 10 個

輔料

植物油 1 湯匙　　葱花少許
鹽、澱粉、生抽、薑末、蒜蓉各 1 茶匙
黑胡椒粉少許

烹飪秘笈

購買冬菇的時候儘量選擇大朵的，以免盛不下鵪鶉蛋。

做法

1. 新鮮冬菇洗淨，去蒂。圖 1
2. 將冬菇的傘蓋的凹陷部分向內磕入鵪鶉蛋。圖 2
3. 將冬菇鵪鶉碗均勻擺在盤中。圖 3
4. 蒸鍋內水燒開，放入菜盤，中火蒸 15 分鐘。
5. 另取一個鍋，倒入植物油燒熱，加入鹽、蒜蓉、薑末炒香，淋入生抽。圖 4
6. 炒香的配料中倒入 100 毫升清水燒開，加入澱粉，攪拌均勻形成調料汁。圖 5
7. 將調料汁淋在蒸好的冬菇鵪鶉蛋上，撒上黑胡椒粉、葱花進行裝飾即可。圖 6

 營養貼士

鵪鶉蛋營養豐富，對女士來說有一定的養顏功效，其豐富的蛋白質和卵磷脂、維他命等營養物質對於睡眠不好，體質虛弱的人群也很有幫助。

擺在盤中的秋日田園

香橙蒸蛋

🕐 20 分鐘　　🏠 簡單

特色

用甜橙天然的造型做容器，蛋羹又帶有甜橙的芬芳甘香和柔和夢幻的顏色，即使作為甜品也是極為出眾的。

主料

雞蛋 1 個
橙子 1 個

輔料

牛奶 50 毫升

烹飪秘笈

- 蛋液過篩可以使雞蛋羹沒有蜂窩狀，更為嫩滑。
- 可以根據自己的口味添加幼砂糖或鹽。

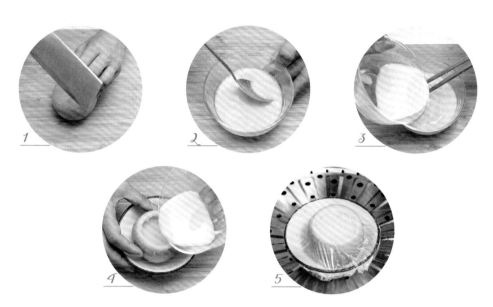

做法

1. 橙子切開頂部，掏出果肉榨汁，保留完整的橙子皮作為蛋液的容器。
2. 牛奶和橙汁分別加熱至溫熱，攪拌均勻。
3. 雞蛋打散，加入牛奶橙汁，攪拌均勻。
4. 雞蛋液過篩，倒入橙皮杯中，用保鮮膜封口。
5. 大火蒸 10 分鐘即可。

 營養貼士

橙子富含維他命 C，不但能提高身體免疫力，還能潤肺止咳。這道點心是秋冬乾燥季節給孩子潤肺滋養的好選擇。

細膩潤滑，鮮嫩開胃

皮蛋蒸豆腐

⌛ 30 分鐘　　中等

特色
豆腐細膩柔滑，
配以鮮辣的作料，
十分開胃。這道
菜擺盤整齊美觀，
而且簡單易做。

主料

豆腐 1 盒（約 300 克）
皮蛋 2 個

輔料

植物油 1 茶匙　　　乾紅椒 1 隻
生抽 1 湯匙　　　　蒜蓉 1 茶匙
芝麻 1 茶匙　　　　葱花少許

烹飪秘笈

- 購買嫩豆腐，口感更為細膩柔和。
- 皮蛋本身含有鹽分，而豆腐則用生抽進行調味，所以沒有放鹽；如果喜歡鹹一點的口味，可以適當撒上一些鹽。

做法

1. 豆腐洗淨後瀝乾水分，鋪在碟中，用刀劃成小方塊。圖 1
2. 皮蛋去殼，切成小塊，均勻放在豆腐上。乾紅椒切碎。
3. 蒸鍋內水燒開，放入皮蛋豆腐，大火蒸 10 分鐘，瀝出碟中過多的汁水，留下少量汁水。圖 2
4. 將生抽淋在蒸好的皮蛋豆腐上，撒上蒜蓉、葱花、芝麻。
5. 鍋內倒入植物油燒熱，放入蒜蓉、乾紅椒碎小火炒香，趁熱澆到皮蛋豆腐上即可。圖 3

 營養貼士

皮蛋富含多種礦物質，能促進人體的消化吸收，增進食欲。豆腐中大量的鈣質和蛋白質對人體十分有益。酸辣開胃的烹製方法使這道菜很適合作為餐前小食。

來自熱帶雨林的雞蛋君
椰奶雞蛋羹

⏱ 20 分鐘　　🏠 簡單

主料

雞蛋 2 個
椰奶 150 克

輔料

鹽少許

烹飪秘笈

- 過濾蛋液的篩子可以在網上買到，一般是不銹鋼製成的，過濾後的蛋液不會有氣泡和沫沫，整個蛋羹變得更為柔滑。
- 用保鮮膜密封是為了防止在蒸製過程中蒸汽滴落產生的表面蜂窩狀，也是為了讓蛋羹的口感更好。此法可用於所有的雞蛋羹的製作過程中。

特色

用香濃的椰汁代替普通的清水，蒸製一碗柔滑清甜的蛋羹。家常菜式的常規做法，在細節上稍作改動，就能體驗到不同的樂趣。

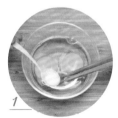   

做法

1. 雞蛋打散，加入少許鹽，攪拌均勻。
2. 加入椰奶，用力攪拌。
3. 用一個篩子過濾蛋液，這樣蒸出來的蛋羹沒有氣泡，更加嫩滑。
4. 過濾好的蛋液用保鮮膜密封，上蒸鍋，大火蒸 10 分鐘左右至蛋液凝固即可。

Chapter 4

主食類

高顏值早餐

紫薯玫瑰卷

 3 小時左右 🍞 高級

特色

利用紫薯本身的顏色，做成玫瑰花卷
的造型，自帶天然美顏功能。

主料

小麥麵粉 200 克
紫薯 50 克

輔料

乾酵母粉 3 克
幼砂糖 10 克

烹飪秘笈

- 和麵時根據紫薯水分含量，適量增減清水比例，以麵糰光滑不黏手為準。
- 捲花卷的時候稍微斜一點，這樣捲出來的花瓣有高低錯落的層次感。
- 蒸花卷的時候，花卷之間擺放的空隙要大一點，以免花卷膨脹後黏在一起。

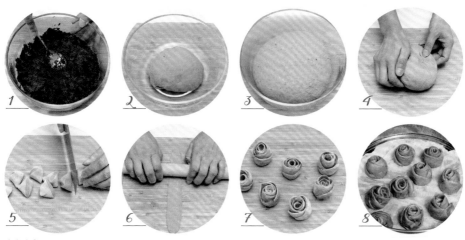

做法

1. 紫薯洗淨、削皮，上鍋蒸熟，搗成泥狀。
2. 酵母加入 70 毫升溫水化開，加入麵粉、紫薯泥、幼砂糖，用力揉成光滑的麵糰。
3. 將麵糰放入盆中，用保鮮膜封口，在室溫下發酵 90 分鐘，發酵至差不多麵糰本身的兩倍大小。
4. 拿出發酵好的麵糰，繼續揉壓，擠出麵糰中的空氣，讓麵糰上勁。
5. 將麵糰揉成長條，分成大小均等的劑子，大小根據自己的喜好決定。
6. 將揉好的小麵糰搓成長條，用擀麵杖擀扁。
7. 將長條扁麵皮從上到下捲起來，形成花朵造型，再醒發 15 分鐘。
8. 蒸鍋內水燒開，將醒發完成的紫薯卷整齊擺入蒸鍋中，大火蒸 15 分鐘，關火，悶 3 分鐘，防止花卷回縮。

 營養貼士

小麥麵粉的主要成分是碳水化合物和蛋白質，是日常不可缺少的主食之一。紫薯則富含膳食纖維和花青素。二者搭配，營養更加全面。

快速補充能量

芝麻紅糖饅頭

🕐 3 小時左右　　🍞 中等

特色

紅糖饅頭的口感鬆軟香甜，蓬鬆如同麵包，又多了一些嚼勁和回味，饅頭的頂端再點綴以芝麻，豐富了口感，增加了香氣。

主料

小麥麵粉 300 克
紅糖 30 克
黑芝麻 20 克

輔料

酵母粉 3 克

烹飪秘笈

- 蒸籠上墊上一層蒸布，能更好地防止饅頭黏鍋，如果沒有蒸布，在蒸籠上刷上一層薄薄的植物油，也能起到防黏的作用。
- 春秋天是室溫發酵最為適宜的季節，在夏天過熱或者冬天過冷的時候，我們需要借助水盆隔水來幫助發酵，夏天可以縮短發酵時間至 60 分鐘，冬天在大盆中放入溫水進行隔水發酵，如果有帶有發酵功能的烤箱也可以使用。

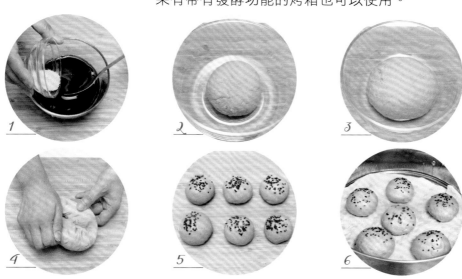

做法

1. 紅糖加入 180 毫升清水，攪拌溶化，加入酵母攪拌均勻，製成糖漿。
2. 將小麥麵粉、糖漿、適量清水用力攪拌，和成光滑不黏手的麵糰。
3. 將麵糰放入盆中，蓋上保鮮膜，室溫發酵 90 分鐘，至麵糰脹大兩倍。
4. 發好的麵糰繼續揉壓，排出麵糰中的氣體。
5. 將麵糰分割成均勻的劑子，揉成大小均等的圓形，表面均勻裹上黑芝麻，繼續發酵 30 分鐘。
6. 蒸鍋內水燒開，將發酵好的麵糰整齊擺在蒸屜上，大火蒸 10 分鐘，關火，悶 3 分鐘左右，防止饅頭縮小。

 營養貼士

紅糖的營養高於普通的幼砂糖，但是熱量相對較低。糖類搭配麵粉，極易被人體吸收，能夠迅速恢復血糖，特別適合快速補充能量。

鮮肉湯包

🕐 3 小時左右　　🥟 高級

特色

皮薄餡大，一口咬下去，肉餡香濃多汁，十分滿足。鬆軟的外皮和鮮嫩的肉餡不論在口感還是在營養上都搭配得恰到好處，是歷史悠久、極為經典的傳統食物。

烹飪秘笈

豬皮凍一定要雪至凝固，包裹在餡內，才方便包包子。而在蒸熟後，豬皮凍就化成了湯汁，包子的口感就更濃郁多汁了。

大蔥可以更換成韭菜、冬菇、粟米等自己喜歡的蔬菜，其他的做法是一樣的。

主料

小麥麵粉 300 克
雞蛋 1 個
免治豬肉 200 克
豬皮 100 克

輔料

乾酵母粉 3 克
鹽 2 茶匙
薑末 1 茶匙
大葱 50 克

生抽 1 茶匙
料酒 1 茶匙
黑胡椒粉少許

做法

1. 豬皮洗淨後切小塊，加入 500 毫升清水，撒上少許鹽，小火熬煮成濃湯（豬皮的膠質熬出來，湯汁濃縮到一半左右）。
2. 豬皮棄用，湯汁冷凍後放入冰箱冷藏，形成凝固的豬皮凍。
3. 乾酵母粉用少許清水化開，加入麵粉、清水，和成光滑不黏手的麵糰。圖 1
4. 將麵糰放入盆中，蓋上保鮮膜，室溫發酵 2 小時至麵糰膨脹到兩倍大小。圖 2
5. 大葱洗淨後切成碎末，和入豬肉，磕入雞蛋，加入鹽、料酒、生抽、薑末、黑胡椒粉，用力朝一個方向攪拌上勁，製成豬肉餡。圖 3
6. 將凍至凝固好的豬皮凍切成小丁，混入到豬肉餡中攪拌均勻，放入冰箱冷藏。圖 4
7. 發好的麵糰分割成均勻大小的劑子，用擀麵杖擀成皮。圖 5
8. 餡料放入麵皮中，順着一個方向捏着包子收口捏緊，防止爆餡。圖 6
9. 蒸鍋內水燒開，籠屜上刷上一層薄薄的油，將包好的包子整齊擺在籠屜內，注意間隔距離，以免包子膨脹後黏在一起。圖 7
10. 大火蒸 20 分鐘，關火後，蓋着蓋子悶 3 分鐘左右，以免包子突然接觸冷空氣，造成麵糰的回縮。圖 8

晶瑩剔透、鮮嫩彈牙

水晶蝦餃

🕐 60分鐘　　🔺 高級

特色

水晶蝦餃是經典的廣東茶樓點心，澄粉做成的餃皮晶瑩剔透、包裹進去的蝦仁隱約透着粉色，吃起來爽滑彈牙，美味營養。

 ## 營養貼士

製作餃皮的澄粉又稱「小麥澱粉」，口感細膩、爽滑有彈性，含有豐富的碳水化合物為人體提供能量；蝦仁富含蛋白質和多種礦物質，與澄粉搭配，膳食營養更均衡。

主料

澄粉 100 克
澱粉 30 克
蝦仁 50 克
豬五花肉 50 克

輔料

植物油 2 茶匙　　　薑末 2 茶匙
葱花 20 克　　　　鹽 1 茶匙
料酒 2 茶匙　　　　醬油 1 茶匙

烹飪秘笈

- 澄粉是製作蝦餃皮的關鍵，不可以替換。
- 喜歡吃蝦仁的，可以減少或者不放五花肉，根據自己的口感喜好增加蝦仁的份量。
- 市售的冷凍蝦仁可以讓操作更為快速方便；如果有條件，用新鮮的大蝦，自己洗淨，去頭尾、蝦線，做成新鮮的蝦仁，口感更好。

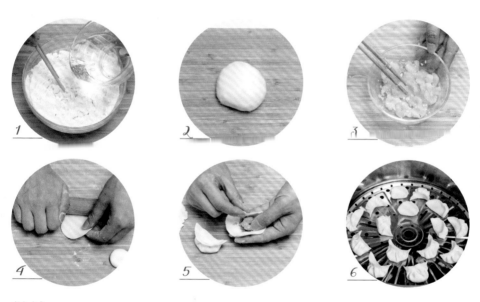

做法

1. 澄粉和澱粉混合均勻，將開水慢慢分次倒入，用筷子迅速攪拌均勻。圖 1
2. 加入植物油，用手將麵糰揉捏均勻至光滑，包上保鮮膜備用。圖 2
3. 蝦仁加入 1 茶匙料酒、1 茶匙薑末，醃製 15 分鐘。圖 3
4. 五花肉剁成肉糜，加入 1 茶匙料酒、1 茶匙薑末、醬油、鹽、葱花，用力攪拌上勁。
5. 麵糰分割成均勻的小劑子，擀成麵皮。圖 4
6. 麵皮包入豬肉餡，中間放一個蝦仁，用包餃子的手法，包成形。圖 5
7. 蒸鍋內水燒開，將蝦餃放入蒸籠，大火蒸 15 分鐘即可。圖 6

寓意吉祥、能登大雅之堂

四喜蒸餃

🕐 60 分鐘　🏠 高級

特色

麵皮潔白、營養豐富、造型美觀，是當之無愧的「白富美」。四喜蒸餃是傳統的特色點心，豐富的食材不僅色澤亮麗，而且營養豐富，膳食搭配合理，非常適合在喜慶的場合或待客時用。

主料

麵粉 100 克　　雞胸肉 10 克
冬菇 10 朵　　　紅蘿蔔 1 根
青豆 50 克　　　粟米粒 50 克

輔料

大葱 30 克　　　黑胡椒粉 1 茶匙
鹽 1 茶匙

烹飪秘笈

• 可以選擇自己喜歡的食材，搭配出其他漂亮的顏色。
• 雞肉可以用豬肉、牛肉代替。
• 摺餃子皮口袋的時候，中心一定要捏緊，以免蒸煮過程中散開。

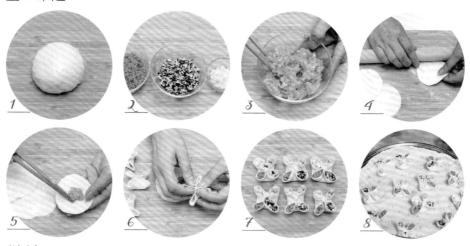

做法

1. 和麵，將麵糰揉成光滑不黏手的狀態，用保鮮膜包好備用。
2. 大葱、冬菇洗淨，切成末；紅蘿蔔洗淨，切成丁。
3. 雞胸肉剁成肉糜，加入葱末、黑胡椒粉、鹽，順時針用力攪拌上勁。
4. 麵糰分成均勻大小的劑子，擀成餃子皮，大小比普通的餃子皮略大一圈。
5. 將雞肉鋪在餃子皮中心，略微有些厚度。
6. 將餃子皮成四角對摺至中心點，形成一個有四個口袋的花朵形狀。
7. 將紅蘿蔔、冬菇、青豆、粟米粒分別裝進四個口袋中。
8. 蒸鍋內水燒開，將餃子放入籠屜中，大火蒸 15 分鐘即可。

 營養貼士

多種蔬菜提供了全面的維他命和豐富的膳食纖維，而雞胸肉和麵粉則提供了豐富的蛋白質和碳水化合物，這樣的營養搭配，足夠滿足人體的能量所需。

團團圓圓好彩頭

果香八寶飯

🕐 90 分鐘　　☁ 高級

特色

寧波人對於糯米的偏愛由來已久，從年糕、湯圓到八寶飯，他們能把糯米做成各種各樣好吃的點心和花樣，這款加入了乾果的八寶飯，口感軟糯香甜、還帶着香脆的口感，營養豐富，好吃管飽。

主料

糯米 50 克
乾紅棗 5 顆
核桃仁 20 克
乾蓮子 10 克
葡萄乾 10 克

輔料

白砂糖 10 克　　豬油 1 茶匙

烹飪秘笈

可以根據自己的喜好，加入喜歡的堅果、乾果。

做法

1. 糯米提前 1 晚浸泡；紅棗去核、對半切開。
2. 蓮子用清水浸泡 2 小時，去芯。
3. 蒸鍋內水燒開，將浸泡好的糯米鋪在籠布上，中火蒸 30 分鐘。圖 1
4. 蒸好的糯米拌入白砂糖和豬油，攪拌均勻。圖 2
5. 取一個湯碗，將拌好的糯米鋪在碗底，按順序鋪上蓮子、紅棗、葡萄乾，壓緊。圖 3
6. 蒸鍋內水燒開，放入湯碗，中火蒸 30 分鐘。圖 4
7. 將核桃仁鋪在最上層，壓緊。圖 5
8. 取一個盤子，將湯碗倒扣在盤子上，形成一個半圓形的碗狀即可。圖 6

 營養貼士

各種乾果含有豐富的蛋白質和多種維他命、微量元素，而糯米則富含碳水化合物，能為人體提供能量，同時還具有補氣補虛的功效。

夏日荷塘帶來的撲鼻清香

荷葉糯米糰

 90 分鐘（不含浸泡時間）　 中等

特色

荷葉將所有的食材裹得緊緊的，經過蒸製之後，糯米完全吸收了荷葉的清香和臘腸的脂香，軟滑香糯，而冬菇仍然帶有韌勁，板栗香甜粉糯，口感層次如此豐富，令人回味無窮。

主料

糯米 50 克
臘腸 50 克
乾冬菇 5 朵
板栗 3 顆

輔料

乾荷葉 1 張
醬油 1 茶匙
葱花少許

烹飪秘笈

- 臘腸本身含有鹽分，因此糯米中不需要再加鹽。
- 臘腸可以用其他肉類代替，比如雞肉或者是豬五花肉（非臘製品需要適當加入鹽醃製 10 分鐘）。
- 裹荷葉的時候，需要注意力度適中，太用力荷葉容易破損，太鬆散，糯米飯糰蒸出來後不成形。

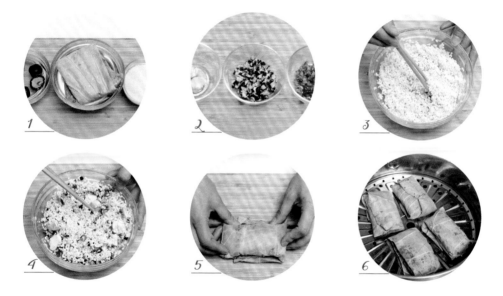

做法

1. 糯米提前一晚浸泡，乾荷葉用清水泡軟，冬菇用清水浸泡 1 小時至軟。
2. 臘腸切成小方丁；冬菇切碎；板栗剝殼，取出板栗仁備用。
3. 將浸泡好的糯米瀝乾水分，加入醬油攪拌均勻。
4. 放入臘腸丁、冬菇、板栗、葱花，攪拌均勻，製成糯米餡料。
5. 將荷葉攤開，放入製作好的糯米餡料，裹緊，封口處向下壓在下面。
6. 蒸鍋內水燒開，中火蒸 40 分鐘即可。

不用烤箱也能做出
香甜鬆軟的蛋糕

蒸雞蛋糕

🕐 60 分鐘　🫕 高級

特色
很好地解決了沒有烤箱但是
想自己做蛋糕吃的問題，雖
然看着步驟有點多，但其實
很簡單，多做兩次就能完全
掌握了。蛋糕的口感蓬鬆、
柔軟香甜，不油膩，是孩子
喜愛的點心。

主料

中等大小的雞蛋 3 個
麵粉 100 克

輔料

幼砂糖 50 克
植物油 10 克

烹飪秘笈

- 在手工攪拌蛋糕液的各種食材時,最好使用刮刀,筷子也可以。手法要輕柔,劃大 Z 字形即可,以免太用力讓麵粉起了筋道,就像饅頭了。
- 蒸好後的蛋糕關火後悶幾分鐘,以免膨脹的蛋糕突然遇冷回縮,影響造型和口感。

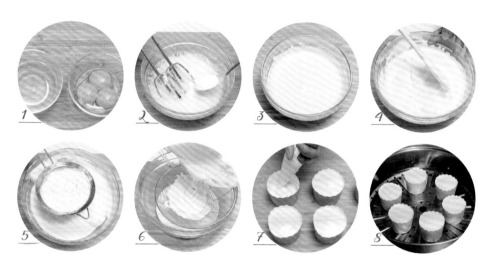

做法

1. 將雞蛋的蛋白和蛋黃分開放入兩個容器中。
2. 打蛋器中檔將蛋白打發至能稍微定型的奶油狀,中間分 3 次加入幼砂糖。
3. 打蛋器中檔快速將蛋黃打至蛋黃發黃、起泡沫的狀態。
4. 將蛋黃液分次、慢慢勻速倒入蛋白中,輕輕地,大幅度稍作攪拌。
5. 將麵粉篩入攪拌好的蛋液中,大幅度輕微拌勻,製成蛋糕液。
6. 製作好的蛋糕液用篩子過濾,讓蛋糕的口感更加細膩。
7. 過濾後的蛋糕液加入植物油,稍作攪拌,分裝進蛋糕杯或者小容器當中。
8. 蒸鍋內水燒開,放入蛋糕杯,大火蒸 20 分鐘,蒸好後悶 3 分鐘左右即可。

營養不上火、鬆軟易吸收

牛奶小米糕

 150 分鐘（不含浸泡時間） 🏠 高級

特色

小米糕鬆軟香甜，彈牙細滑，顏色金黃燦爛，非常好看。牛奶的蛋白質和鈣的含量很豐富，代替清水用於米糕中，不但香味更濃郁，營養也更豐富。

主料

小米 60 克　　　雞蛋 1 個
糯米粉 20 克　　麵粉 30 克
牛奶 30 克

輔料

綿白糖 15 克　　乾酵母粉 2 克
粟米油 10 克　　檸檬汁少許

烹飪秘笈

- 檸檬汁可以用白醋代替。
- 喜歡吃有顆粒口感的，在打小米的時候可以適當打粗一些。

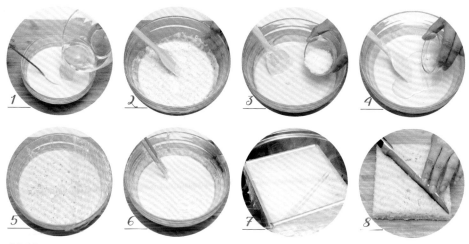

做法

1. 小米用清水浸泡 2 小時，放入料理機中，加入 50 克清水，打成糊狀。
2. 小米糊中加入雞蛋，再打成糊狀，盛到一個大盆中。圖 1
3. 在盆中加入糯米粉和麵粉，用刮刀攪勻。圖 2
4. 加入牛奶、綿白糖、檸檬汁，分次放入，攪拌均勻。圖 3
5. 在麵糊中加入酵母粉、粟米油，用力攪拌成細膩的糊狀。圖 4
6. 麵盆用保鮮膜包好，靜置 90 分鐘，讓其發酵至兩倍大。圖 5
7. 發酵好的麵糊再次攪拌，幫助麵糊排氣。圖 6
8. 將麵糊倒入模具中，蓋上保鮮膜，靜置 15 分鐘。圖 7
9. 蒸鍋內水燒開，放入模具，中火蒸 20 分鐘，關火後悶 3 分鐘。
10. 從模具中倒出小米糕，成對角切成三角形狀即可。圖 8

 營養貼士

小米是很溫和的粗糧，含有豐富的蛋白質和維他命，滋補身體。老人吃小米易消化、養生保健，孩子吃小米能增強體質，而女性多吃小米能補益氣血。

清甜爽口的養顏糕點

椰汁馬蹄糕

🕐 60 分鐘　　🍽 高級

特色

口感清爽細滑又有韌勁的馬蹄糕，看起來晶瑩剔透，乾淨地分成兩種顏色交叉重疊，可以切成菱形、方形、長方形，造型漂亮，精緻細膩。撒上一些乾桂花施以點綴，帶來更為芬芳的香氣，是夏秋時節非常有特色的糕點。

 營養貼士

椰汁馬蹄糕是熱量比較低的甜品，適合愛美又愛吃的女士們；而且紅糖補氣養血、椰汁清涼下火，對滋養皮膚很有好處。

主料

紅糖 60 克　　馬蹄粉 130 克
椰漿 200 克　　煉奶 70 克

輔料

乾桂花 5 克
植物油少許

烹飪秘笈

- 層數可以根據自己的喜歡自由發揮。
- 蒸製每一層漿的時間，根據倒入漿的厚度來決定，如果每一層都比較薄，那麼每一層蒸製的時間相對減少，以漿成形凝固為準。

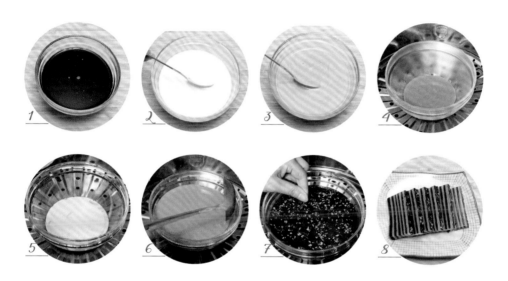

做法

1. 紅糖注入 250 克清水，熬成糖水，冷卻備用。圖1
2. 馬蹄粉注入 100 克清水，調和均勻，製成馬蹄粉漿。
3. 將馬蹄粉漿均勻分成兩份，裝在兩個不同的盆裏。
4. 一份馬蹄粉漿倒入椰漿、煉奶，攪拌均勻製成白漿。圖2
5. 另一份馬蹄粉漿倒入冷卻的紅糖水，攪拌均勻製成黃漿。圖3
6. 蒸鍋內水燒開，放入準備好的模具，刷上少許植物油防止黏鍋，倒入一層黃漿，蓋上鍋蓋，大火蒸 5 分鐘，讓其凝固。圖4
7. 打開鍋蓋，倒上一層白漿，蓋上鍋蓋，大火蒸 5 分鐘。圖5
8. 按順序重複 6、7、6 步驟，讓最上層的糕點呈現出黃色。圖6
9. 最後一層蒸好後，打開鍋蓋，撒上乾桂花，再蓋上鍋蓋悶 10 分鐘。圖7
10. 冷卻後，切成長方形即可食用，放入冰箱冷藏口味更佳。圖8

溫暖香甜，家的味道

紅棗發糕

🕐 3 小時左右　　🥄 中等

特色

發糕蓬鬆香甜，糯而不沾，鬆軟
有彈性，回味無窮，是非常受老
人和孩子歡迎的食物，其營養豐
富易吸收，不管是作為主食還是
點心，都非常合適。

主料

乾紅棗 10 顆　　麵粉 100 克
粟米粉 50 克

輔料

幼砂糖 20 克　　乾酵母粉 4 克
植物油少許

烹飪秘笈

採用上述同樣的步驟，可以蒸製南瓜發糕、紫薯發糕等。

做法

1. 乾紅棗 8 顆，用清水浸泡至發脹，去核後用料理機打成紅棗糊。圖 1
2. 剩餘 2 顆紅棗無須浸泡，直接去核，切成小丁。
3. 將麵粉、粟米粉、幼砂糖混合。
4. 在麵粉中倒入清水、酵母粉、紅棗糊、紅棗丁攪拌均勻。圖 2
5. 在模具底部刷上少許植物油防黏。圖 3
6. 麵糊倒入模具中，蓋上保鮮膜，發酵約 2 小時，待其膨脹至兩倍大。圖 4
7. 蒸鍋內水燒開，放入模具，中火蒸 40 分鐘。圖 5
8. 關火，悶 3 分鐘，取出紅棗糕，等紅棗糕微涼後，切成小塊即可。圖 6

 營養貼士

粟米粉屬粗糧，能補充和完善膳食營養；紅棗補氣養顏，是滋補佳
品，加入到發糕中可增添甜蜜的風味，使得營養和口感都更加完善。

鹹香開胃的廣式小點心

蘿蔔絲糕

🕐 70 分鐘　🏠 中等

特色

蘿蔔糕是廣東地區的傳統點心，主料是蘿蔔絲、豬肉和粘米粉，再加入一些其他配料，鹹鮮開胃，軟糯香濃，食材尋常易見、物美價廉。

主料

白蘿蔔 500 克　　免治豬肉 80 克
乾蝦米 30 克　　　糯米粉 100 克
粘米粉 100 克

輔料

鹽 2 茶匙　　　　胡椒粉 1 茶匙
植物油適量　　　葱花少許

烹飪秘笈

- 可以根據自己的口感控制蘿蔔絲的粗細，喜歡吃到蘿蔔絲口感的可以切粗一點。
- 蒸出來也可以直接食用，但是煎一遍的口感更香一些。
- 免治豬肉要用小火炒製翻動，直到炒出油脂、變色為止。

做法

1. 白蘿蔔切成絲，入沸水中焯熟（2 分鐘左右），瀝乾水分備用。
2. 平底鍋加熱，倒入少許植物油，放入免治豬肉，小火炒香至出油。
3. 炒好的免治豬肉盛入盆中，加入白蘿蔔絲、乾蝦米、鹽、胡椒粉、葱花拌勻。
4. 拌好的餡料加入粘米粉、糯米粉，攪拌均勻，製成蘿蔔糕麵糰。
5. 取一個方形容器，刷上少許植物油防黏，倒入做好的蘿蔔糕麵糰。
6. 蒸鍋內水燒開，放入容器，大火蒸 30 分鐘。
7. 將蒸好的蘿蔔糕倒扣出來，稍涼後切成 1 厘米左右厚的蘿蔔糕片。
8. 平底鍋加熱，倒入少許植物油，小火將蘿蔔絲糕煎至兩面金黃即可。

 營養貼士

白蘿蔔含豐富的維他命，豬肉含大量的蛋白質和脂肪，米粉富含碳水化合物、微量元素，這個點心葷素搭配，營養搭配較均衡完善。

香柔爽口的養顏甜品

椰奶蒸湯圓

🕐 20 分鐘　🏠 簡單

主料

市售成品湯圓 10 顆

輔料

椰奶 200 毫升

烹飪秘笈

- 市售的花生湯圓、芝麻湯圓的味道比較濃郁，你可以試試果味餡的湯圓，搭配椰奶很清新。
- 喜歡清爽口味的，可以自己用糯米粉揉成糯米丸子直接蒸，不包裹餡料。吃的時候撒上白糖即可。
- 同樣的辦法可以用來蒸元宵。

特色

有別於清爽的椰汁，椰奶是用椰汁和椰肉研磨加工而成，含有更多的營養，味道香濃，細滑爽口，清涼解暑，有很好的美容滋補的功效。搭配以滋陰補氣的糯米為原料的湯圓，對身體和皮膚都大有好處。

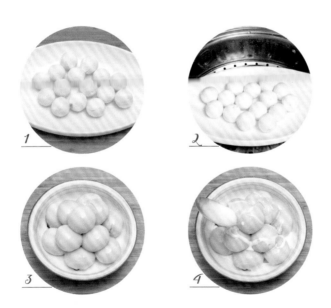

做法

1. 將湯圓整齊地擺入盤中。
2. 蒸鍋內水燒開，將盤子放入鍋內，大火蒸 10 分鐘。
3. 將湯圓小心地移到新的湯碗內。
4. 淋上椰奶即可。

將豐收的喜悦裝進盤中

高纖五穀雜糧蒸

🕐 40 分鐘　🪨 簡單

主料

粟米 1 根　　　　花生 100 克（帶殼）
紫薯 1 個　　　　鐵棍山藥 100 克
小型馬鈴薯 200 克

烹飪秘笈

可以加入自己喜歡的雜糧食材，比如芋頭、乾紅棗、馬蹄等，都很好吃。

特色

多吃粗糧能促進腸胃的運動和營養的吸收，補充平時吃食太過精細導致的營養缺乏。這些五穀雜糧極易被人體吸收，而且裝在一個盤中，看着豐富喜慶，很有田園特色。

做法

1. 所有的食材都洗淨，粟米切成三節、紫薯切成大塊、山藥切成中等長段。
2. 所有的食材放在蒸籠裏，擺放整齊。
3. 蒸鍋內水燒開，將蒸籠放進去，大火蒸 30 分鐘，用筷子插進紫薯或者馬鈴薯中，能輕鬆插到底，就表示熟了。
4. 將蒸籠拿出來，不要悶在蒸鍋當中，水蒸氣容易使食材回軟。

 營養貼士

粗糧富含膳食纖維，能促進消化吸收和腸胃運動。不同的粗糧還含有各自不同的特色營養，組合在一起蒸製食用，能全面補充人體所需營養。

精緻可愛的田園風味

山藥蔬菜球

🕐 40 分鐘　🔨 中等

特色

山藥粉糯香甜，搭配脆爽的紅蘿蔔，口感層次豐富。這道菜營養豐富，顏色鮮亮，清甜爽口。

 營養貼士

山藥是一種非常理想的保健粗糧，其特有的黏液又稱「植物膠」，是非常珍貴的植物多醣，對腸胃有很好的補益功效，養胃益氣，還能補腦健體。

主料

鐵棍山藥 200 克　　菠菜 30 克

紅蘿蔔 30 克

輔料

鹽 1 茶匙　　黑胡椒粉 1/2 茶匙

雞精少許

烹飪秘笈

- 可以將山藥蒸熟後再剝皮，不僅易剝，而且不會手癢。
- 可以根據自己的喜好加入其他品種的蔬菜，比如綠色的青瓜（生的即可）、黃色的南瓜、紫色的紫椰菜等，都可以讓山藥球看起來更好吃。

做法

1. 山藥洗淨，去皮，切段，上蒸鍋大火蒸 20 分鐘，至山藥熟透，用筷子能輕鬆扎進去即可。
2. 山藥用料理機或者手工打成泥狀，不需要太細膩，可略微留有一些顆粒狀。
3. 紅蘿蔔洗淨、切成絲；菠菜洗淨，切段，分別用滾水焯熟，過涼水冷卻。
4. 涼好的紅蘿蔔和菠菜擠乾水分，都切成碎末。
5. 將山藥泥、紅蘿蔔和菠菜放入同一個盆中，加入鹽、雞精、黑胡椒粉攪拌均勻，製作成山藥蔬菜泥。
6. 將山藥蔬菜泥捏成一個一個的丸子，整齊擺入盤中即可。

原汁原味
好味蒸餸

作者
薩巴蒂娜

責任編輯
譚麗琴

美術設計
Venus

排版
辛紅梅

出版者
萬里機構出版有限公司
香港鰂魚涌英皇道1065號東達中心1305室
電話：2564 7511
傳真：2565 5539
電郵：info@wanlibk.com
網址：http://www.wanlibk.com
　　　http://www.facebook.com/wanlibk

發行者
香港聯合書刊物流有限公司
香港新界大埔汀麗路36號
中華商務印刷大廈3字樓
電話：（852）2150 2100
傳真：（852）2407 3062
電郵：info@suplogistics.com.hk

承印者
中華商務彩色印刷有限公司
香港新界大埔汀麗路36號

出版日期
二零一九年五月第一次印刷

本書繁體版權經由中國輕工業出版社授權出版
版權負責林淑玲lynn1971@126.com